孩子人格的培养与塑型

塑造灵魂与培养能力双重并举的教育法则

国学军 著

中国国际广播出版社

图书在版编目（CIP）数据

孩子人格的培养与塑型：塑造灵魂与培养能力双重
并举的教育法则 / 国学军著 —— 北京·中国国际广播
出版社，2019.1
ISBN 978-7-5078-4375-0

Ⅰ.①孩… Ⅱ.①国… Ⅲ.①人格—青少年教育—研
究 Ⅳ.①B825

中国版本图书馆CIP数据核字(2019)第043962号

孩子人格的培养与塑型：塑造灵魂与培养能力双重并举的教育法则

著　　者	国学军
责任编辑	杜春梅
版式设计	华阅时代
责任校对	徐秀英

出版发行　中国国际广播出版社 ［010-83139469　010-83139489（传真）］
社　　址　北京市西城区天宁寺前街2号北院A座一层
　　　　　邮编：100055
网　　址　www.chirp.com.cn
经　　销　新华书店
印　　刷　三河市宏顺兴印刷有限公司

开　　本	880×1230	1/32
字　　数	180千字	
印　　张	8	
版　　次	2019年4月　北京第一版	
印　　次	2019年4月　第一次印刷	
定　　价	39.80元	

前 言
PREFACE

人格与人生

不可否认，现在不少人，包括家长，也包括很多老师，对一个孩子的评价还存在着这样一些误区：只要学习成绩好就是个好孩子，将来也一定会有出息。

殊不知，一个孩子学业上的缺陷未必会影响他的一生，而人格上的缺陷却可贻害他一辈子。这个问题似乎尚未引起家长和老师们的足够重视。君不见，有多少当年成绩斐然的大学毕业生走上工作岗位后与社会格格不入而落寞终生，甚至因人格分裂和灵魂龌龊而锒铛入狱。可以说学习成绩在很大程度上是能力的象征，但一个人的能力再强大，如果没有优秀的人格作基础或保障，那么这个人最终也不会成为一个真正优秀和对社会有用的人才。所以，实践证明，培养孩子优秀的人格比培养能力更重要。

美国人格心理学家奥尔波特说："人格乃是个人适应环境的独特的身心体系。"英国心理学家艾森克说："人格乃是决定个人适应环境的个人性格、气质、能力和生理特征。"

美国学者索里和特尔福德认为，一个人在大多数生活经验中都含有人格的意义。德国思想家歌德也曾经说过："人们最大的幸福乃人格之欢乐……你如果失去了金钱，你只失去了一点；你如果失去了名誉，你就失去了很多；你如果失去了人格，你就失去了全部。"

从以上这些著名心理学家描述的健康人格的特征来看，人格才是做人的根本和人生的定力。每个人的一生都是围绕着他所形成的"人格路线"在走。

孩子当然也不例外。如果教育中舍弃了人格教育，那就等于舍弃了根本。孩子的整体素质水平如何，在很大程度上取决于其人格结构是否完整。只要孩子的人格是健全的、健康的，那么他的一生都将是让人放心的和积极向上的，他自己也会是幸福和成功的；而一个在人格上出现残缺或心理不健康的孩子，或是像刺猬一样难以接近，或是像炸弹一样随时可能被引爆，又或者像流浪的小狗一样暗自神伤……自己无法找到幸福，大人也要一生跟着担忧。

孩子的人格应该从小培养，等长大后一旦定型便会变得难以再造。所以，在对孩子的教育上，我们更应该遵循的是，塑造灵魂与培养能力双重并举的教育法则。

当然，和任何品质一样，健康、健全的人格也不是一朝一夕就可以塑造起来的。所以，作为育人者的家长和老师要持有耐心，并坚定不移地帮助孩子们塑造无穷的人格魅力。若如此，每个孩子都将成为一个最好的自己。

目 录
CONTENTS

第三章

尊重孩子是对他人格最好的培养
——在尊重与被尊重中升华灵魂的高度

第四章

生活本身就是最好的老师
——独立人格是孩子耸立在现实生活中的塑像

第五章

培养孩子的情操从培养情商开始
——情商是孩子人格状态和品质的投影

第六章

有教养才能有涵养
——孩子的人格既需要"教",也需要"养"

第七章

有大胸襟才能有大人格
——引导孩子做一个大写的"人"

第八章

小成靠才，大成靠德
——才与德是完美人格的双重注疏

第一章

好孩子要有好的能力，更要有好的人格
——能力培养与人格塑造双重并举

教育绝非单纯的文化传递，教育之为教育，正是在于它是一种人格心灵的"唤醒"，这是教育的核心所在。

——《马克思恩格斯全集》第三卷

培养孩子要从人格教育抓起

人做任何事情都应该有个目标和方向，如果选错了方向，越积极就越离谱，只有在正确的道理上努力，我们才能越来越接近成功。

就教育这件事而言，教育，绝对不是简单的知识传授、能力开发，蔡元培先生在《中国人的修养》一书中说道：决定孩子一生的不是学习成绩，而是健全的人格修养！

▶▶ 你是否对教育有什么误解？

如果让人们评价一个孩子，相信大多数的家长和老师考虑的第一要素肯定是孩子的成绩。因此，不可避免，当今社会的教育法则仍然是一个以能力培养为核心的教育模式，很多孩子都是从两三岁开始背唐诗，四五岁更是学英语、学钢琴、学舞蹈、学画画……上学后要请家教、上辅导班；而老师当然更是以传授知识为重，也更喜欢那些成绩好的学生。似乎只有孩子多才多艺、成绩名列前茅，教育才算成功，孩子才算成才。

但无数残酷的事实证明，这其实是对教育的极大误解。

一个学习成绩优异的男孩子在各方面都相当出色，可由于父母长时间的专制教育使他从来不愿和父母讲话，也没有任何沟通。在男孩子上高二时，突然有一天警察来到学校说是要抓一个贩毒集团的同伙，当警察将嫌疑犯的名字说出时，师生们都惊呆了，竟然是那名学校里学习成绩优异的男孩！包括校长在内所有的老师都不敢相信，他们不停地要求警察再确认一下，看看是不是搞错了，但警察斩钉截铁地说不会错，已抓住的几名嫌疑犯都供出了男孩的名字。于是，班主任老师亲自将男孩请到校长室，仍然用信任的语气问他，是你做的吗？令所有人感到震惊的是男孩从容不迫地说："就是我！"事后才知，男孩虽然成绩优异，但不仅参加贩毒集团，还结交许多不良少年，在外整天飚车、打架、惹事。然而，当警方问起他的父母时，对于此事他的父母却全然不知，他们只知道自己的儿子让他们很骄傲，每门学科都是最好的，他们可以领着他到处炫耀……

如果是这样，即使孩子门门功课考第一，又能怎么样呢？还有网络上那些铺天盖地的新闻：上海复旦大学上海医学院枫林校区的室友投毒案；台大硕士生吴某找不到工作，投了50几封履历都石沉大海；浙江嘉兴工作的博士王某，被一个青年在QQ上骗了25万元；女大学生被拐卖到偏僻的山村沦为生育机器……看完这些难道还不足以纠正我们的教育理念吗？！

▸ 完善孩子的人格才是重点

成绩不是一切，只重能力的教育原则，迟早会让你追悔莫及。一个人如果志大才疏，固然成不了才，但如果没有优秀的品格，则更难以成就事业。教育的核心应该是帮助孩子建筑他的人格长城，完善的人格才是孩子今后发展的真正基础。

美国纽约最著名的摩根银行的董事长兼总经理莫洛，最初不过在一个小法庭做书记员。而他之所以博得了大财团摩根的青睐，从而一跃而起，成为全国瞩目的商业巨子，靠的不仅是他在经济界享有盛誉，更多的是因为他的人格非常高尚的缘故；再比如，范登里普出任联邦纽约市银行行长之时，他挑选手下重要的行政助理，首先便是以人格高尚为挑选的重要标准；还有，杰弗德原来只是一个普普通通的小会计，经过不懈努力，最后步步高升，最终升任美国电报电话公司总经理。他常对人说，他认为"人格"是事业成功最重要的因素之一。他说："没有人能准确地说出'人格'是什么，但如果一个人没有健全的特性，便是没有人格。人格在一切事业中都极其重要，这是毋庸讳言的。"现实生活中，这样的例子比比皆是，但重点只有一个，那就是完善而健康的人格才更符合社会的需要。

当然，我们并不是在否认能力的重要性。事实上，从原始社会的愚昧无知到现代科技的高速发展，每一次文明的飞跃都是借助知识与能力的力量。但我们更应该明白，能力是需要人格指引的。因为能力只有在道德力量的控制下，才会体现出它的正面的力量。如果重能力培养，轻视人格塑造，那么所谓的能力就很可能变成争名夺利的武器，危害社会的工具。最好的证明莫过于希特勒手下的那一大批出色的军事家、科学家，纵使他们再有能力，也只能成为希特勒为祸人间的工具。试问，这样的能力还有何意义而言？

所以，在我们期望孩子拥有一个美好未来的时候，育人者首先要做的应该是从人格教育做起。

最大的困难是对人格教育的无知

越来越多的育人者已经意识到了人格教育的重要性，却止步于对人格教育的无知。在对孩子进行人格教育之前，你必须了解：

▶▶ 孩子最重要的人格标准

我们希望孩子成长为一个有人格魅力的人，首先要知道一个有人格魅力的人是什么样子。

人格，《汉语词典》的解释是："人的性格、气质、能力等特征的总和；人的道德品质；人作为权利义务主体的资格。"从解释中可以看出，人格或多或少都与道德有关，因此，人格教育常被当成道德教育。

但是，从心理学的角度分析，人格不仅是一个人的外在表现，同样包括一个人内在的心理特征。或许我们可以在具备人格魅力的儿童身上找找它的特征：

在处理人际关系上——真诚热情、友善有礼、富于同情心，乐于助人和交往，关心和积极参加集体活动，同时懂得自我保护，能够从容面对各种诱惑；

在理智上——感知敏锐，具有丰富的想象能力，在思维上有较强的逻辑性，尤其是富有创新意识和创造能力；

在情绪处理上——善于控制和支配自己的情绪，保持乐观开朗，振奋豁达的心境，情绪稳定而平衡，同时，能给他人带来欢乐的笑声，令人精神舒畅；

在意志力上——具有目标明确，行为自觉，善于自制，勇敢果断，坚韧不拔，积极主动等一系列积极品质。

在做事态度上——严格要求自己，有进取精神，勤奋认真，自励而不自大，自谦而不自卑。

我们要培养的就应该是这样的孩子，一句话，就是到任何时候内心都是丰满自足的，而这种丰满自足不仅仅来源于外界，更来自他们自己的内心。

▶▶ 人格的形成及发展因素

人格的形成与发展离不开先天遗传与后天环境的关系与作用。先天遗传自不必说，后天的影响却非说不可。

俗话说"跟好人学好人，跟着亚婆学跳神"，这就是对环境影响的朴素认识。奥地利心理学家、个体心理学的创始人阿尔弗雷德·阿德勒将其称为"人格的统一性"。他认为，如果我们想要理解儿童的某一特定行为，就必须首先了解其总体的生活史。儿童的每个活动都是他总体生活和整体人格的表达，不了解行为中隐蔽的生活背景就无从理解他所做的事。

历史证明，家庭环境的不同可导致思想意识和追求目标的巨大差异。因此，我们在关注孩子人格问题时，就不能不站在孩子整个发展的历程中来看问题。

对人格统一性的了解，对父母和学校如何处理孩子人格问题有着特殊的意义。现实生活中，如果一个孩子经常犯某错误，教师或家长就会先入为主地认为他屡教不改。或者相反，如果一个孩子其他方面表现良好，那么，人们通常会由于这种总体的好印象而不会那么严厉地惩罚他。这两种做法，其实都没有触及到问题的根源，人们考虑更多的还只是孩子的错误，而没有在全面理解儿童人格统一性的基础上，探讨这种犯错误的情况是如何发生的。这有点像脱离整个旋律的背景来理解某一单个音符的含义，这毫无意义。

育人者必须学会把孩子视为一个具有整体人格的个体，对于孩子出现的某种行为，不能一味地去惩罚，而是要将孩子的错误行为返回到他的生活背景和生活环境中来理解，找到问题的本质，这样才能从根上解决问题。

儿童人格教育始于生命伊始

我们都知道，教育要早抓，人格教育当然也不能例外。

但这个"早"应该是多早呢？如果用著名生理学家巴普洛夫的一句名言来作答，那就是："婴儿降生第三天开始教育就迟了两天。"

不要以为刚生下来的婴儿就什么都不懂，事实上，我们现在所发现的孩子身上这样那样的问题，源头都可以追溯到孩子很小的时候。

让我们看这样一个心理学实验：当一位母亲给宝宝喂奶时，脸部没有任何表情，甚至还略有些麻木和冷漠，而宝宝试图以拒绝吃奶、做出各种表情来吸引妈妈的注意。但是，遗憾的是，妈妈的目光始终没能与宝宝对视。之后，当心理学家对其追踪回访时发现，婴儿成人后，一直有严重的边缘型人格障碍，甚至还伴有多重自杀行为，急需住院治疗。

这个实验告诉我们，孩子的人格培养，始于生命伊始。

▶▶ 婴幼儿期（0—3岁）孩子人格培养要点——理性的爱

中国的一句老话："三岁看大，七岁看老。"三岁以前的人格发展是一个人成长的重要组成部分。

这一时期，给予孩子理性的爱（关注、鼓励、放手，等等）就是最好的教育。现实生活中，许多父母存在一些片面甚至是错误的家庭教育观念，孩子小小年纪就被送往各种学习班，学绘画、学舞蹈、学英语、学钢琴，这很容易造成孩子心理行为问题，如睡眠障碍、饮食障碍、情绪障碍、遗尿、多动和抽动等。

其实，启蒙教育不是这样的，法国思想家卢梭说过："大自然希望儿童在成人以前，就要像儿童的样子。如果我们打乱了这个次序，就会造成一些果实早熟，它们长得既不丰满也不甜美，而且很快就会腐烂。"真正的启蒙教育应该是更注重给孩子提供一个学习与模仿的自由环境和宽松氛围，支持、鼓励孩子的探索、想象和创造。在这个过程中，孩子可以学会与人相处，模仿父母、伙伴们的为人处世方法，学会忍让、宽容、合作等人际交往的优良品质和性格。违背儿童成长的正常发展规律，管束过严，经常打骂，这样得到的结果只能与父母的主观愿望相反。

▶▶ 儿童期（3—10岁）孩子人格培养要点——立规矩

"没有规矩，不成方圆。"规则意识的培养是孩子人格培养的重要基础。而儿童期是萌生规则意识和形成初步规则的重要时期。

为了让孩子更好地认识社会规则，父母和老师首先要跟孩子说明他的行为为什么不对，意味着什么，使这些孩子反省自己的行为，这对培养他们的社会规则、立身处世方法以及生活态度等都有着极为重要的意义。

其次，育人者也应该认识到由于受好奇、独占心理的驱使，在孩子的成长过程中，他们往往会抢别人的吃的、"偷"别人的玩具，其实，孩子的这种心理和表现都很正常，我们面对这些事情时，完全没有必要大惊小怪。

再次，面对孩子不符合社会规则的行为，父母和老师应该明确地告诉孩子你的心情，引导他们反省，而父母伤心、老师失望的样子往往会给孩子带来很大触动。

另外，育人者也不要满足于孩子口头上的承认错误，应该引导他想想以后怎么做，并让孩子保证以后不会发生类似事情，一旦发生了，就要对自己的行为负责。

一个孩子在书店"顺走"了四本漫画书，家长发现之后写下道歉信，并留下全部书款，一大早从门缝里塞进书店。道歉信如下："你好！由于我教子无方，（儿子）在你店里拿了四本（漫）画书。贵店门没开，本应本人带上儿子亲自来道歉，没开门，我给你（把钱）放里面。对不起。"

还有一个例子，早高峰，坐在后座的孩子将酸奶盒随手扔出窗外，父亲随即下车，对孩子的行为进行了教育，并将酸奶盒捡起，放回了车内。

这样的教育，一定可以让孩子将规矩不断内化为人格，他们不仅可以获得内心的安宁、快乐，更是为将来成来社会人做好了基础准备。

▶ 青春期（10—20岁）孩子人格培养要点——性道德

青春期是儿童向成人过渡的中心阶段，有人把它称为"人生历程的十字路口"。贯穿青春期的最大特征是性发育的开始并逐步完成，与此同时男女青年在心理方面的最大变化，也反映在性心理领域。但由于这时不少孩子的心理不够成熟，还没有形成稳固的性道德观和恋爱观，加上自我控制的能力很弱，因而很容易受到外界因素的影响而动荡不安。现实生活丰富多采，五花八门的性信息，不良的影视镜头、淫秽书刊，特别是西方"性解放"和"性自由"的思想影响，极易使个别青年的性意识受到错误的强化而沉醉于谈情说爱之中，甚至发生性过失，性犯罪。与此相反，另一部分青年由于性的能量得不到合理的疏导、升华而导致过分的压抑，有少数人还可能以扭曲的方式、变态行为表现出来，如"厕所文学"、窥视或恋物等。

因此，这一时期，人格教育的重点就是给予孩子必要和正确的性教育。有些父母和教师常以自己的早年体验和传统的教育方式，对孩子进行半愚昧的管束。对其他科学知识广开门路，但对这些知识却予以封闭，结果在身体和智力方面可能高人一头，而性心理水平则往往低于常态。还有些育人者则是对其不够重视。我们都应该懂得，进入青春期的男女，都有自己的内心世界，在他们封闭着的天地里，充满了幻想和情欲，但很少向大人透露，一部分在压抑中求其自然地发泄或增长，一部分则可能对同伴和知己倾吐，从互相交流各自的体验中获得理解和领悟。因此有些成人根本不知道孩子们心理发生了什么故障，明知情绪不对头，也追问不出所以然来，于是只好放任不理，只要行为上没异常就满意了。而这些，都是导致孩子心理不健康的根源所在。

青春期的性教育，应当多倾向于性的社会与道德意识。其实，在整个性教育过程中，性知识方面是必知而又相对次要的。因为如果归纳在一起，孩子们最多有一个小时就可以学完、掌握了。而性观念和性道德方面的培养却是一个很漫长的过程。而这也是家庭、学校和社会共同的责任。成人应该在日常生活中不断地对孩子进行性观念的渗透，这里面要涉及伦理、道德、责任等方面。简单一点说，就是要让孩子知道哪些不能做、哪些不应该做，而又为什么不能做，通过不断地渗透增强他们的免疫力，使他们对性方面有一个正确的心态和观念，以此培植孩子的人生观、价值观和人格修养，不至于发生不该发生的事情。

人格教育，重在潜移默化

对孩子进行人格教育，不能光讲大道理，空洞的说教对孩子的人格塑造毫无意义，让孩子切身感受到熏陶和浸染，才能真正内化于心、外化于行。

从这个意义上来说，真正的人格教育应该是一种浸染熏陶的教育。育人者的一言一行，都是一种无言的教诲；生活环境的万事万物，都可以成为人格教育的内容。

那么，人格教育到底应该如何进行呢？

▶▶ 育人者请先接受人格教育

在现实生活中我们不难发现：如果一个孩子喜欢暴力，他一定有一个喜欢打骂的家长；如果一个孩子不善良，他的父母中必有一人缺乏同情心；如果一个孩子不懂是非，他的父母中一定有一个不明事理的人……

这是家庭教育的定律——父母是原件，孩子就是复印件。这里说的并非是遗传问题，而是说由于孩子的模仿能力强、分辨能力差，"近朱者赤，近墨者黑"在他们身上表现得更加明显。作为孩子最亲近的人，父母总是处在孩子默默地关注中，无论我们说什么、做什么，都会对孩子的成长产生深刻的影响。因为在孩子天真无邪、不谙世事的世界里，父母的一言一行永远占据着相当重要的位置，他们的潜意识会认同自己的父母，会在不知不觉中模仿自己的父母，把父母的举动真实地复印出来。

同样的道理，教师对学生的人格也常具有指导、定向的作用。教育心理学家勒温经过研究发现，在不同的教室气氛中，学生常有不同的行为表现。在专制型的教师的管理下，学生作业效率提高，对领导依赖性加强，缺乏自主行动，但常有不满情绪；在放任型教师管理下，学生作业效率低，任性，经常发生失败和挫折现象；在民主型教师管理下，学生完成作业的目标是一贯的，行动积极主动，很少表现出不满情绪。由此不难看见，作为育人主体的教师，也应该首先具备完善的人格，这也是作为当今一名合格教师的灵魂所在。

总之，作为育人者，你渴望孩子具有什么样的品质，你自己就必须要先具备这样的品质，用无形的力量去感染孩子。正如教育学家苏霍姆林斯基所说："每瞬间，你看到孩子，也就看到了自己；你教育孩子，也就是教育自己，并检验自己的人格。"

▶▶ 改善孩子的生活环境

环境造人。美国著名儿童教育家多蒙茜·洛·诺尔特在《孩子们从生活中学习》中就写道："如果一个孩子生活在批评之中，他就学会了谴责。如果一个孩子生活在敌意之中，他就学会了争斗。如果一个孩子生活在恐惧之中，他就学会了忧虑。如果一个孩子生活在怜悯之中，他就学会了自责。如果一个孩子生活在讽刺之中，他就学会了害羞。如果一个孩子生活在嫉妒之中，他就学会了嫉妒。如果一个孩子生活在耻辱之中，他就学会了负罪感。如果一个孩子生活在鼓励之中，他就学会了自信。如果一个孩子生活在忍耐之中，他就学会了耐心。如果一个孩子生活在表扬之中，他就学会了感激。如果一个孩子生活在接受之中，他就学会了爱。如果一个孩子生活在认可之中，他就学会了自爱。如果一个孩子生活在承认之中，他就学会了要有一个目标。如果一个孩子生活在分享之中，他就学会了慷慨。如果一个孩子生活在诚实和正直之中，他就学会了真理和公正。如果一个孩子生活在安全之中，他就学会了相信自己和周围的人。如果一个孩子生活在友爱之中，他就学会了这世界是生活的好地方。如果一个孩子生活在真诚之中，他就学会了头脑平静地生活。"

所以，改善孩子的生活环境，就是在完善孩子的人格。包括：

一、家庭环境。这里的环境既指物质环境，也包括精神环境。一句话，父母的口袋和脑袋决定孩子的未来。

首先，一个家庭经济基础要相对雄厚。国外研究发现，大多数"神童"都生长在相对富裕的家庭，生活在丰富而有趣的环境中，许多人的父母很重视孩子的早期教育。2017北京高考文科第一名熊轩昂在被问到"是否相信知识可以改变命运"的时候，也说道：高考是阶层性的考试，农村地区越来越很难考出来，我是中产家庭孩子，生在北京，在北京这种大城市能享受到的教育资源，决定了我在学习时能走很多捷径，能看到现在很多状元都是家里厉害，又有能力的人，所以有知识不一定改变命运，但是没有知识一定改变不了命运。不管我们愿不愿意承认，寒门出贵子的时代确实已然成为过去了。

其次，家庭关系一定要和谐融洽。很难想象，每天处在争吵中、打闹、讥讽、猜忌的环境里的孩子，会成长为一个温和、友善、礼貌、诚信的人。夫妻恩爱和睦，对长辈孝顺恭敬，对孩子尊重理解，才是培育身心健康孩子的基本保证。

二、社会环境。社会常见这样的现象，一个家庭，几个孩子，正常情况下，在幼儿阶段时，孩子之间的思想行为区别不是很大。进入少儿阶段以后，接触的社会事物增多，学习态度、思维表现和生活方式就会出现很大的差别，最终导致未来的前途也大不一样。为什么会出现这样的情况呢？除性格原因以外，很大程度就是孩子身边的社会影响所造成的。而且，更重要的是，不管我们愿不愿意，外界社会的影响都会源源不断地流入孩子的心理世界，直接或间接塑造着这个孩子，因此必须将其纳入考虑范围之中。

当然，这一切都是相对的，不是绝对的。不论生活在什么样的阶层，接触什么样的生活圈子，孩子的成长过程始终处于一种动态的发展状况，正面思想和负面思想这两股活动的势力始终在较量，孩子个人有很大的可塑性，周边环境也有很大的可变性。最好的办法，就是时刻从儿童人格成长的角度出发，多多关注孩子的内心世界，这样才能在孩子没有染上坏习惯之前提前预防或及时修正。

▶▶ 把生活变成一个大课堂

不同于文化教育，人格教育不应该是让孩子正襟危坐，也不应该有口若悬河和训斥责备。只有触动感激、心有灵犀、快乐成长。在这里，生活就是一个大课堂，育人者可以抓住生活中的任意事情对孩子进行各种形式的人格教育。

比如，在孩子生日时，父母在为孩子准备生日礼物和美味饭菜的同时，还应该不忘给孩子一份生日赠言。可以是书面的，也可是口头的，主要说一些激励孩子话语，使孩子明白一些做人的道理，同时也让孩子明白他的生日也是母亲的受难日。

就餐时，父母和老师可以对孩子进行珍惜粮食、菜肴的教育，教孩子背诵"锄禾日当午，汗滴禾下土，谁知盘中餐，粒粒皆辛苦。"使孩子们懂得饭菜来之不易的道理，同时还可以教孩子在餐桌上学会礼貌和谦让。

父母可以利用家庭聚会的机会，培养孩子讲文明、懂礼貌、待人热情大方的交际素质。学校组织的出游活动中，老师可以给孩子讲解名胜古迹来历或故事的同时，有意识地培养孩子热爱祖国的大好河山思想感情，教育孩子不要攀折花枝、乱涂乱写，不要用石块儿或脏物投掷动物、不要随地乱丢瓜皮果壳。

做家务时，培养孩子养成爱劳动的良好习惯，可从洗手帕、洗袜子、铺床、叠被、扫地、倒垃圾等入手，然后随年龄的增长而加大劳动量。当然，安排班级值日也是同样的道理。

和老师、长辈相处时，要教育孩子孝敬老人、尊敬老师，主动给长辈端茶倒水，吃饭时要让长辈先动筷子，遇事不和长辈顶嘴。

……

总之，你要知道，"冰冻三尺，非一日之寒"，孩子的人格塑造也不是一朝一夕的事情，它需要一个相当艰难、复杂、漫长的阶段，需要你通过这个阶段不断地总结出经验教训，采取措施，这可能成功，也可能失败。但只要你不断地在这件事上付出心血与代价，它自然就会有好的结果。

第二章

人格教育要建立在爱的情感之上
——孩子的灵魂才是你施爱的对象

要善于爱孩子，教育的真谛是爱，爱的真谛就是给孩子以精神上的温暖、关怀、鼓励和帮助，而不是其他任何东西。

苏联教育家苏霍姆林斯基

心中有爱，人格有灵

在孩子的人格教育中，没有什么能比爱和善良更重要的了，这是孩子将来亲和社会的基础和前提。无论做什么事都要有一颗爱心，其他的品质都是爱心的延伸。只有心中有爱，才能感受到生活的乐趣；只有心中有爱，才能创造和谐的人际关系；只有心中有爱，才能享受到人生的真谛；只有心中有爱，才能感受到人类的伟大。

▶▶ 被爱是孩子最好的精神食粮

有这样一个心理学实验：当一位母亲给宝宝喂奶时，脸部没有任何表情，甚至还略有些麻木和冷漠，而宝宝试图以拒绝吃奶、做出各种表情来吸引妈妈的注意。但是，遗憾的是，妈妈的目光始终没能与宝宝对视。之后，当心理学家对其追踪回访时发现，婴儿成人后，一直有严重的边缘型人格障碍，甚至还伴有多重自杀行为，急需住院治疗。

这一实验告诉我们，小生命即使不缺营养，也从未离开过母亲，但是如果没有被爱——温暖情感的陪伴——生命也是不能承受的脆弱和单薄。

有一位哈佛大学社会学教授，想做一个关于成长环境对人生影响的课题。于是，他让学生去纽约贫民窟采访了 200 个孩子，并对他们做出未来评估。结果这些学生们无一例外地坚定认为，这种环境下成长的孩子将"永无山息"。

30年之后，教授退休了，他的继任者发现了这个课题。他让他的学生们想法联系上那200个孩子，打算做一次后续调查，看他们如今生活得怎么样。

结果却让所有人都大吃一惊——这200个孩子，几乎个个成就非凡，有些甚至跻身到了社会的顶层。

如果是按照环境影响人生的理论，这些孩子应该继续在贫民窟等候救济才对。到底是什么让他们的人生实现了转折，成就了这么多的奇迹呢？

为了找出让这些孩子们成功的真正原因，教授逐一拜访了这200名当事人，结果他们全都提到了一个人对他们的帮助，那个人是他们的小学老师。教授找到了这位老师，她已七十岁高龄，但仍耳聪目明。当教授问她用什么绝招让贫民窟长大的孩子们奋发向上时，老师的眼里闪烁着慈祥的光芒，欣慰地说："我爱这些孩子。"

多么让人感动的答案！虽质朴无华却极有说服力。

特蕾莎修女也曾说过，爱是我们生活的动力和目的。被爱，就是孩子各方面成长的一个背景，这就好比植物的生长离不开肥沃的土壤，而被爱就是能让孩子身心健康成长的肥沃土壤。

▶▶ 施爱是孩子受用一生的品质

我们不但要为孩子创设一个被爱的环境，更重要的是要让他们学会如何去爱别人。只有把追求爱和给予爱结合起来，才算是爱的能力。

在里约热内卢的一个贫民窟里，有一个男孩，他非常喜欢足球，可是又买不起，于是就踢塑料盒，踢汽水瓶，踢从垃圾箱拣的椰子壳。这一天，他正在一个干涸的小塘里猛踢一只猪膀胱时，一位足球教练恰巧经过。教练发现男孩踢得很是那么回事，就主动提出给他一只足球。小男孩得到足球后踢得更卖劲了，不久，他就能准确地把球踢进远处随意摆放的一只水桶里。

圣诞节到了，男孩的妈妈说："我们没有钱买圣诞礼物送给你的恩人，就让我们为他祈祷吧。"祷告完毕，男孩向妈妈要了一只铲子就跑了出去。

他去干什么了呢？

只见他来到一处别墅前的花圃里，开始挖坑。就在他快挖好的时候，足球教练从别墅里走了出来。他问男孩在干什么，男孩抬起满是汗珠的脸蛋，说："教练，圣诞节到了，我没有礼物送给您，我愿给您的圣诞树挖一个树坑。"教练把小男孩从树坑里拉上来，说："我今天得到了世界上最好的礼物。明天你到我的训练场去吧。"

三年后，这位 17 岁的男孩在 1958 年世界杯上率领巴西队第一次捧回金杯。一个原来不为世人所知的名字——贝利，随之传遍世界。

被爱使孩子学会了自爱，但如果一个人的心里只装着自己，总考虑自己的得失，没有多余的爱分给其他人，那么他的世界会很小，不会有多余的力量去帮助别人、承担更多的责任。只有心中有大爱的人，才能有容量去包容别人，才能被赋予引领他人甚至历史的使命，他的世界才会很大。

孩子不是无缘无故变坏的

然而，爱，有多重要，现状就有多凄惨。

曾经有人做过一项调查：今天的孩子最缺什么？调查结果中获得一致认同的一项就是——缺少爱心。

2002 年，北京动物园熊山的 5 只黑熊被人泼洒化学药品后严重烧伤，施暴者竟然是北京一赫赫有名的大学学生；2004 年，北京某知名大学一名曾经获得过学校二等奖学金的四年级男生半夜从宿舍楼的 12 层跳下，了结了自己年轻的一生；2014 年，因嫌楼外施工的电钻声太吵，影响到自己在家看动画片《喜羊羊》，一个 10 岁男孩想到的处理方法，居然是用刀子割断工人的安全绳；……

可能我们周围这种极端案例还比较少，但类似这位母亲的哭诉却听了或经历了不少：母亲买了 18 只大虾，孩子一口气吃了 17 个，剩下一个母亲想尝尝味道，可是孩子居然大哭起来，质问母亲：你明明知道我爱吃，为什么不给我留着？

还有一位老师曾经有点无奈与失望地说过一件小事："我从教三年来，一直随学生包车来来往往，都是我给学生让座，偶尔听到一两个学生给我让座，就让我激动不已。我们的教育对象都是独生子女，从小娇生惯养，都是人家对她献爱心，他们哪里知道爱人家。"

作为育人者，看到这样的现状，没有人不感到痛心，但痛心之余，我们更应该做的是反思。

通过一位儿童心理学家的研究结论，我们知道，同情和善良才是孩子的天性。比如：一岁之前的婴儿，他就对别人的情感有反应，如果旁边有孩子的哭声，他也会跟着一起哭，两三岁的孩子，如果看到别的小朋友哭泣，他就会拿自己喜欢的东西去安慰别人，当孩子到了五六岁、他开始有了认知反应能力，此时他知道应该怎样去安慰哭泣的伙伴……这些都是孩子爱心的表现，这足以证明，有爱心是孩子的天性。

那是什么使得孩子的这种天性慢慢消失或者隐藏的呢？

▶▶ 溺爱和爱是两件相反的事

英国教育家斯宾塞说："野蛮收获野蛮，仁爱产生仁爱，这就是真理。"这句话千真万确。但天底下就没有不爱孩子的父母，这句话也发自肺腑。那么，为什么有时这份爱却滋生出冷漠、无情，甚至伤害呢？

其实这就要看我们给孩子的是怎样的爱，溺爱和爱可是两件完全相反的事呢。"溺爱是父母与孩子关系上最可悲的事，用这种爱培养出来的孩子不肯把心灵献一点儿给别人。"这是一位教育家的经验之谈。

事实也确实如此：有一个四岁的小男孩，由于父母、姥姥的娇惯，在家里俨然像个"小王子"，想干什么就干什么，谁也阻挡不了。一天，他用一根尼龙绳子拴住家里的猫玩，谁知拴得不牢，猫逃走了。他玩兴未尽，要把绳子套在姥姥脖子上玩，70多岁的姥姥让他拴脚，可他不同意，非得套在脖子上，老太太对外孙一向溺爱，迁就放任，百依百顺，这时见小外孙哭闹起来，心疼了，便依他把绳子套在自己的脖子上，谁知打的是个活结，小外孙一拉，便紧紧勒住姥姥的脖子。老太太一时感到气闷难忍，便挣扎起来，从炕上滚到地上。小外孙见姥姥挣扎，越发觉得好玩，更使劲拽住绳子不放，直到老太太不动弹了，他才松手扔下绳子出屋外去了。孩子的妈妈回来，一摸老母亲的心脏，已经停止跳动。

溺爱并不是爱孩子，而恰恰是在把孩子往火坑里推。这样一个惨痛案例的发生，正是溺爱的苦果。"剃头挑子一头热"的单向传递的爱造成孝敬的颠倒，使得孩子只知享受别人的爱却不知爱别人，久而久之就会造成孩子自私、冷漠、任性、放纵等不良个性。小猫和姥姥在他眼里变得无足轻重，毫无生命。

如果因为"爱"，过度地保护孩子、放纵孩子；因为"爱"，只关注孩子的学业，而忽视孩子的精神世界；因为"爱"，无意中成为了孩子的奴仆。那么，你得到的只能是孩子变得懦弱、贪婪、消极、跋扈……相信这绝不是我们爱孩子的初衷。

▶▶ 问题孩子背后必有问题大人

很多时候，孩子的问题即是大人的问题，"问题孩子"后面往往站的是"问题大人"，只有认识到这一点，才算找到了孩子问题的症结，而改变通常要从修正我们自己开始。

首先，修正我们的观念。英国教育家洛克指出："教育上的错误正如自己配错了药一样，第一次弄错了，决不能靠第二次、第三次去补救，它们的影响是终身洗刷不掉的。"

然而，现在不少父母，甚至有很多老师，对一个孩子的评价还存在着这样错误的认识：培养孩子诚实、正直、仁爱等品质就意味着让孩子对人对事开诚布公，严于律己，宽以待人，但结果势必使孩子吃亏得罪人。其实不然，高层知识分子犯罪率日渐升高就是一个不争的事实。实际上，导致他们犯罪的真正原因就是他们人生里缺少了做人这一课。

其实，不管到什么时候，端正的品格，对社会、对孩子身心发展来说，都是起着重要作用的。如果把做人的道理比作船上的舵，而把做事的本领比着船上的两只桨，两者相比较，舵是决定方向的，方向错了，桨划得越快，则偏离目的越远。所以，一切有识之士都把告诉孩子做人的道理放在家庭教子的首位。

其次，纠正我们的言行。榜样的力量是无穷的，不管是正面的还是负面的，孩子都会效仿大人的想法和方式行事。记得之前看过 段视频，一个小女孩将她的布娃娃在地上排成一行，之后大声训斥它们，并用脚狠狠地踩它们的腰和腿的部位。她的母亲对此非常吃惊，经过了解，原来孩子的舞蹈班老师就是这样教孩子们上课的。

这个例子，除了告诉我们要纠正自己的言行外，还提醒我们应该让孩子远离那些负面的影响。不仅仅是孩子身边的人，还包括监督孩子们对媒体的选择——电视、音乐、电子游戏以及互联网——而且关注他的服装、语言和行为反映些什么东西。要坚持坚定的立场，让孩子远离那些对下流、残忍和暴力的外界影响。

最后，还要改变我们的教育方式。如果孩子经常通过公正、公平的方法实现目的，或得到应有的肯定，就更容易建立起正确的价值观念。美国一项长期研究结果就显示：在童年时代受到关爱、照顾和鼓励的人，成年后更尊重他人。德国的一项针对母亲和两岁女儿的调查也表明：母亲越是让孩子感受到强大的支持，孩子对别人也就越有同情心。

因此，当孩子出现问题时，不应该用食指戳着孩子的脑门，数落他做错了什么，或者对孩子大打出手。事实上，温和、注重感情的教育风格，更有助于在孩子心中种下爱的种子，也有助于孩子变得独立和成熟。

没有爱，就没有教育

与其在发现孩子缺乏爱心之后懊悔，不如现在就抓住时机，不间断地对孩子进行爱的教育。

但爱的教育不是靠给孩子讲一些大道理或读一些正能量故事就可以的。爱的教育，必须依靠爱。

▶▶ 爱中长大的孩子才更懂爱

爱心教育首先要建立在爱的情感之上，只有让孩子感受到我们的爱，才会对他们产生影响。这样，当他们置身于不良榜样的环境中时，我们才有可能用正确的观点与做法对他们产生最深刻、最久远的影响力。而且，更重要的是，在爱中长大的孩子，在感受爱和享受爱的同时，也会不由自主地充当起爱的"传递器"，将自身感受到和享受到的爱播散出去，让他人也接受爱的沐浴。

一个妈妈正在接待客人，7 岁的女儿放学回家，见到客人并没有打招呼问好，客人和她说话她也没有回答，而是径自回到了自己的房间。这让好面子的妈妈感到非常尴尬，但她努力克制住了自己的情绪。等心情平静下来后，妈妈走进女儿的房间，耐心地对她说："乖女儿，刚才阿姨问你话你怎么不回答啊？"女儿便把心里的不愉快告诉了妈妈。原来，她在放学的路上摔了一跤。经过妈妈的一番安慰，女儿心情好多了。这时候，妈妈接着告诉她："孩子，你可以心情不好，但是客人问你话，你也不能不回答，这样做是不礼貌的行为。刚才看到你的表现，妈妈也非常生气，但是妈妈控制住了自己的情绪，并没有发脾气。所以你也要试着控制自己的情绪，否则很容易伤害别人……"听了妈妈的话，女儿也意识到自己刚才的行为有些不礼貌，于是她走到客厅，真诚地向客人表示了歉意，并且主动给客人端茶倒水。

这样的教育方法比打骂可有效多了。

正如近代教育家夏沔尊所说："没有爱，就没有教育。"没有一个孩子是在成人的打骂中长成一个小绅士或小淑女的。对于孩子来说，打不是亲，骂也不是爱，父母或老师的打骂，只会造成孩子种种不良的心态和心理偏差，绝不能获得有效地教育孩子的效果。

▶ 爱的说教不如爱的示范

要教育孩子有爱心，你必须让孩子看看什么是爱心。孩子们不是从书本上学会为人要善良，对人要有爱心的，而是从实际生活中学会的。

普吉岛一个"儿童俱乐部"里，几十个从澳洲来的四五岁的小朋友，每天都会由俱乐部的老师带出去活动，晚上再一起回酒店休息。

这一天，他们的活动地点是网球场，孩子们玩得十分尽兴。

傍晚，负责召集孩子们归队的一名工作人员，由于疏忽而漏数了一个小女孩，把她单独留在了网球场。而且，这件事是直到大家都回到酒店了才发现的。

这下子，俱乐部的人都慌了神，小女孩的妈妈更是焦急万分。万幸，等大家一起赶回网球场时，小女孩还在那里，但显然她吓坏了，一个人在那里哭得精疲力竭。

孩子的妈妈上前安慰女儿，犯下错误的工作人员站在旁边十分紧张，不知所措。就在这位工作人员做好了被责骂的准备时，她等来的却是安慰。妈妈在女儿情绪好转之后对她说："你去抱一抱阿姨吧，她不是故意的，阿姨也担心死了。"4岁的小女孩很听妈妈的话，她走上前，轻轻地抱住那个工作人员，在她耳边说："不用怕，已经没事了。"

这位妈妈用爱的教育同时安抚了两颗心灵：女儿因为原谅和安慰别人，自己获得了积极的情绪，学到了爱和宽容；那个犯错的工作人员，也因为被原谅而充满感激，相信她一定会特别珍惜这份宽容和理解，在今后的工作里把这份爱再传递给别人。

在充满关爱的环境下长大的孩了，自然就会知道什么是善良的行为了，不管这份爱是对他还是对别人。

爱孩子的4种正确打开方式

爱孩子，这是母鸡都会做的，学会如何爱孩子，才是人类的高明之处。爱，如同其他任何一门艺术一样，也是需要学习的，只有掌握了爱的正确表达方式，感情才不会错位。

▶ 方式一：别让孩子猜，爱就"说"出来

让孩子感知爱的方式中，语言是最直接的。除了经常对孩子说"我爱你"之外，只要你的语言，可以让他听后咯咯直笑，或是高兴地手舞足蹈，相信他已经感觉到，你是爱他的。例如，你可以用一些更含蓄的话语来表达："你这样做让爸爸妈妈感到很开心"，"老师很欣赏你的这种行为"，等等，这样的话同样会让孩子感到父母、老师的爱，同时，对他们还会起到一种鼓励作用，让他们更加努力。等孩子再大一些后，他们对很多事情都有了自己的理解和感悟，对爱的理解也更为深入，这时，大人对孩子的爱的表达可以更为深刻一些，比如，当孩子遭遇挫折时，和孩子进行一次长谈，表达出自己的关心之情，会让孩子感受到我们对他深沉的爱。

另外，身体语言也可以帮助你表达爱意。就像一首儿歌中唱

到的一样："爱我，你就抱抱我，爱我，你就亲亲我……"其实，拥抱、亲吻，给予孩子的就是一种爱的力量，是大人借着身体的语言来告诉孩子："我们永远爱你。"比如，父母下班回到家，不妨拍拍孩子的小脑袋，或是握一下他的小手，亲亲他的小脸，来一个深情的拥抱；或者老师走进教室，摸摸孩子的脑袋，拍拍孩子的肩膀，都能让他觉得大人是亲切可靠的，而他也是被接受、被支持、被关爱的，而孩子也能慢慢学会给予回报，成长为一个有爱心的人。

当然，也少不了眼神的交流，蹲下来或者抱着他，和孩子一样的高度，用眼睛关切地注视着他，此时你的动作和神情已经是世界上最贴心的话，而孩子也会产生强烈的被爱的满足感。

▶▶ 方式二：陪伴是最长情的告白

我们发现，有些青春期的孩子，对父母或老师总是一脖子的仇恨。对此，他们感到不解。其实，原因不在当下，青春期出现的隔阂大多源于依恋形成期。

心理学家哈洛等人曾设计过一个实验，专门研究了幼小的猴子对母亲的依恋。

他制作了两种假的猴妈妈：一种假妈妈是用铁丝编成的，另一种是一个母猴的模型套上松软的海绵状橡皮和长毛绒布。然后把两个"猴妈妈"和刚刚出生的小猴放进一个笼子里。

一个有趣的现象出现了：如果铁丝妈妈身上没有奶瓶，而布妈妈身上有，小猴很快就和布妈妈难舍难分。即使奶瓶是放在铁丝妈妈身上，小猴也不愿意在铁丝妈妈身边多待，只在感觉饿了时才跑去吃奶，其余时间则依偎在布妈妈怀里。

在小猴离开布妈妈出去玩耍时，心理学家突然给它看一个模样古怪的庞然大物，小猴会惊恐万状地撒腿奔向布妈妈，紧紧依偎着它，逐渐定下心来。可是，如果把布妈妈换成铁丝妈妈，小猴就不会跑去寻求安慰。

事实上，依恋行为，也正是儿童早期表达情感的重要方式之一。3岁之前的孩子，依恋对象主要是父母。3岁之后，孩子开始进入幼儿园，他与父母的接触慢慢减少，而与老师、同伴的接触渐渐增多，儿童就把依恋的对象从父母身上转移到老师或同伴身上，若是人在生命早期长期没有得到这种依恋的满足，就容易产生不满足感，从而产生烦躁、敏感、神经质等性格障碍。

因此，不管是作为父母，还是作为老师，我们必须重视孩子的依恋情结，你陪在孩子身边所花的时间，一定会换得比金钱更重要的回报。

当然，这种陪伴不是指心不在焉地坐在那里（孩子最不能容忍大人陪他们的时候手里还打着电话），而是你要和他们一块玩，给予他们全部的注意力。

例如，美国前任总统布什父子感情好是众所周知的，据说在小布什还没当总统的时候，他和老布什的感情就比一般美国家庭的父子要好得多。其实，老布什和儿子相处的时间并不是很多，在小布什很小的时候，老布什因忙于政治活动，很少有和孩子在一起的机会。但是，只要老布什在家，他都会抽出时间在自家的花园里和小布什玩耍一番。老布什会和小布什一起荡秋千、捉迷藏、做游戏等，一直会玩到都筋疲力尽为止。尽管老布什很少和孩子们在一起，但他通过和孩子一起玩耍，把自己的好印象留在了孩子们的心里，所以，布什父子间的感情是非常深厚的。

可见，陪伴孩子不在时间长短，而是在于有没有"专心"陪伴。即使与孩子在一起的时间很有限，但只要在那短暂的陪伴中令孩子感到高浓缩的爱，孩子也会感到满足和欢心。

▶ 方式三：别在对孩子的爱上加条件

我们爱孩子，但很多时候这种爱是有条件的。比如孩子刚生下来的时候，父母会说："只要健康就好！"可随着孩子的慢慢成长，每每孩子让我们感到不满意的时候，我们就会生气地训斥孩子，"你再哭，再哭妈妈就不要你了！""你怎么把家里弄得这么乱啊？赶紧收拾一下，要不妈妈不爱你了！""好好吃饭，不准乱说话，否则明天就不带你去游乐园！""乖乖写作业去，不听话妈妈就不疼你了！"……只要孩子达不到我们的要求，我们就会开始喋喋不休地指责与训斥，全然不见了曾经的满足与爱意。当然，在学校里，老师也是免不了更喜欢学习好和听话的孩子。

而我们这种爱的方式会告诉孩子：父母和老师并不会无缘无故地爱我，哪怕我本身并不乐意，都必须让他们满意，我的行为必须合乎他们的要求，他们才会爱我！

这种有条件的爱，对孩子的成长来说是有害无益的，非但不能让孩子积极上进，反而会让孩子产生严重的畏惧心理，自信全毁，无所适从。他会不敢再去尝试自己无法让大人满意的行为，进而产生厌学、自闭等不良情绪，严重影响今后的生活。即使有些孩子可以做到让大人满意，他们的心中也会因此特别害怕失去爱，会在有意无意中为了迎合别人而伪装自己或欺骗别人，长此以往就会形成浓厚的虚荣心，甚至产生严重的心理问题。

其实，我们对孩子的爱和付出应该是无条件的。在孩子微笑时，我们要给予他爱，在孩子啼哭时也要给予他爱；在孩子听话时要爱，在孩子烦人不听话时更要给予他爱……在任何时候、任何地点都感受到关怀、重视和尊重，孩子就会感到自己值得别人去爱，他是有价值的，这会让孩子充满自信和有尊严感，他也会越来越优秀。

不过，这并非意味着不去管教。爱与管教并不冲突，你只需记住一点：就是接纳儿童的本相，无论他天性是外向还是内向，只有先接纳，才能给予爱，而之后的引导和管教才会变得顺理成章。

▶▶ 方式四：懂他，就是给孩子最好的爱

我们总是竭力为孩子创造丰富的物质条件、教学条件，尽可能满足他在衣食住行上的要求，并认为这足够表达我们对孩子的爱。可你知道你付出的这些爱，在孩子心中的真正价值有多少么，它是不是孩子所真正需要的？

不可否认，他们需要这些基本需求的满足，但不同于世界上其他的生物，对于人类来说，除基本需求外，心理需求可能更加重要。

女儿快过生日了，妈妈准备为她在家中开一个 party，于是母女俩开始商量着都请哪些人，当妈妈确定邀请姗姗的时候，有了下面的对话：

女儿："我不想邀请她参加。"

妈妈："怎么会？她是你的好朋友啊？"

女儿："不，她不是。"

妈妈："这样讲不好，如果让姗姗知道会怎么想。你也不希望她这样讲你对吗？"

女儿："我不管，我不想请她。"

妈妈："如果是这样或许你根本不该开这次 party。"

女儿："不开就不开。"

这个例子中，母女之所以不欢而散就是因为妈妈忽略了女儿的心理需求。事实上，妈妈有很多机会可以改变这个结局：首先，当女儿提出不让好友参加派对时，妈妈就应该意识到这里有问题，应该去听一下究竟发生了什么事情，而不是简单地说："她是你的好朋友啊？"以此来否定女儿的愿望或对姗姗的反感。这样就给对话加上了阻力；当女儿很负气地说姗姗不是她的好朋友时，妈妈还有机会让女儿说一说究竟发生了什么事情。但妈妈又一次使用了成人的判断：小孩子真是很片面很极端，或许她们有一些争吵，还没有平静下来，所以才这样"绝情"。她这样想也就这样说了出来，但这种想法是否正确呢？客观地讲是很对的，孩子之间今天吵了，明天又会很快和好，还会有什么大事吗？用不着过问。几天就过去了。的确如此，但妈妈忽略了一点，就是对孩子来讲，和好朋友闹矛盾是非常严重的事情。她们很可能希望向妈妈抱怨一番，如果父母不能给孩子机会让她将心里的话讲出来，反而对她讲"你这样做不对"，在这种情况下，孩子不会认真听取、考虑你的意思，而是反应得十分极端。而孩子的"不讲理"又进一步引发父母的气恼，变得也像孩子一样极端起来。

如果我们领会到孩子内心的真实感受，就会采取不同的态度来对待。那么，例子中的对话完全可以变成这样：

女儿："我不想邀请她参加。"

妈妈："怎么，你们闹矛盾了？"

女儿："是的，她总是随便拿我的书翻着看，你知道我最不喜欢别人动我的书。"

妈妈："她那样做让你很不舒服？"

女儿："是的，我同她讲过许多次，她总是这样，我很不喜欢。"

妈妈："要不要想想别的办法可以避免她动你的书呢？"

女儿："我可以将书柜锁起来，有些书放在外面，别人动也没有关系。"

妈妈："这倒是个好办法，如果是这样，还是请姗姗来吧！"

女儿："我想没问题。"

我们当然希望能够对孩子直言不讳，用正确的道理"沐浴"他们成长，然而同时我们也应当考虑到效果。如果我们浇灌下去的甘露对孩子来说变成了令人厌恶的苦雨，拒绝领受，又怎能保证孩子顺利汲取到所需要的精神养料呢？

事实上，在孩子的成长过程中，每一个阶段都会出现不同的问题，而每一个问题都与其心理、成长特点有关。例如，一个很爱说话的孩子突然之间很安静，或者平时交流的时候很融洽，突然之间在说话的时候带着不耐烦、反感、无奈等情绪，就需要去分析他是不是在某些地方遇到了不高兴的事情。心情好的时候做什么事情都会很认真，而心情不好的时候做什么事情都做的不是很好，总是心不在焉的甚至还会掺杂着一些发泄暴力等现象。作为每天都与孩子接触的父母和老师来说，看到孩子情绪不好的时候，应该主动帮助分析原因。很多时候他都不愿意说，你就要从朋友的角度来开导，或者在语言上给一些安慰，或者带他出去玩乐一下，又或者给他一件喜欢的礼物。

当我们随时带着发现和观察的眼光去找出孩子身上的那些问题，及时引导他远离这些问题时，那么，你的"爱"于他而言才会是一件幸事，孩子才能沿着正确的生活轨迹健康快乐地成长。

拒绝无情，重拾孩子的爱心

如果我们发现自己的孩子缺乏爱心，这当然是一件很糟糕的事情。但也不要一味地指责孩子，这样除了给孩子带来无尽的伤害外于事无补。其实有好多方法可以帮助孩子重拾爱心，你不妨一试。

▶▶ 多退少补：爱到刚刚好

孩子缺少爱的能力，要么是因为缺少爱，要么是因为被溺爱。也就是说，对孩子的爱，多了少了都不行，都会影响孩子的人格健康。

因此，对那些爱心枯渴、泯灭的孩子来说，我们最先要做的就是调整自己对他们爱的程度。

▶▶ 该满足时满足，该克制时克制

孩子的所有需求全部满足，把孩子的生活道路铺得平平顺顺，并不能保证孩子幸福健康地成长。

皓皓是家里的小皇帝，爷爷奶奶都对他百般呵护、百依百顺，爸爸妈妈对他疼爱有加、精心照料，这让皓皓生活得非常得意，要风得风，要雨得雨。由于平时家里所有人做事总是以皓皓为主，因此皓皓觉得大家都应该让着他。所以吃饭的时候，皓皓总会在其他人下筷子之前，把所有的菜翻一遍。

这让妈妈觉得不能坐视不理了，应该对孩子严格要求。于是，妈妈便和爸爸商量后决定，在接下来的一个月里，由爸爸来教育儿子，妈妈则把主要精力放在关心儿子的精神生活上。在爸爸的严格教育下，皓皓不能再像以前那样"为所欲为"了：吃饭的时候要等全家人到齐了才能动筷子；放学后要帮妈妈做点力所能及的家务活，不能只顾着看电视；自己的房间自己整理……当爸爸管教儿子的时候，妈妈不会插手。但是，在日常生活中，妈妈却更加关心皓皓的生活了，妈妈经常会抽时间和他聊天，给他买一些好看的课外书，等等。在爸爸的严爱和妈妈的慈爱下，皓皓的不良个性逐渐得到改善，现在他也成了一个懂事的好孩子了。

可见，放弃用过分控制或纵容的方法对待孩子，用慈爱而坚决的方法教育孩子，培养孩子，会对孩子的人格成长更有好处。在允许的范围内根据孩子自身的实际情况，以孩子能够接受的方式，既给予他锻炼的机会、发展的空间，又不让他有被忽视或者被逼迫的感觉，这才是正确的爱。

▶▶ 该抓紧时抓紧，该放手时放手

与溺爱相反，有些大人对孩子的教育很严厉，有时甚至达到残酷的程度。当然，这在成人自己看来，也可能是出于对孩子的爱。但是孩子却并不这样认为。

10岁的毛毛，是家里唯一的孩子，也是妈妈的掌上明珠。妈妈希望他能够在各方面都非常出色。为此，妈妈为他设立了非常高的标准，除了在学校里进行正常的学习和活动外，妈妈还给他增加了许多课余的活动，如拉小提琴、练体操以及其他儿童活动等。妈妈要求他在所有活动中都成为最优秀的。而毛毛也很争气，无论是在学校还是在地区活动中，他都被认为是难得的优秀孩子，但是在他的生活中，却有一些令人无可奈何的状态。比如：他对别人的评价非常敏感，略有微词便情绪低落，而且在行为上，经常有神经质的表现。另外，他也不像其他同龄孩子那样尽兴地说笑和玩闹，似乎很受压抑……遗憾的是，这些情况妈妈并没有注意到。终于有一天，毛毛因为别人的一句玩笑话而勃然大怒，打伤了同学。

现实生活中，相信这样的例子还有很多。对孩子有期望是好的，但请不要忽略这样一条重要的原则，那就是：一旦成人的期望标准背离了社会需要和孩子身心发展的内在规律，让孩子觉得目标可望而不可即时，就会严重影响孩子的性格发展和身心健康。

不妨听听孩子的心声："因为我是菊花，所以请别让我在夏天开放；因为我是白杨，所以请别指望从我身上摘下松子。"我们应该有平和的心态，适当降低对孩子的期望值，给孩子减少压力，根据实际情况和孩子一起制订合适的奋斗目标，这才是聪明的爱。

▶▶ 打好地基：从爱父母开始

孩子的仁爱之心通常是从爱父母开始向外延伸的。试想一下，一个人连父母都不爱，不敬、不孝，怎么会爱朋友、爱同学、爱老师、爱集体、爱国家，成为一个人格健全的人呢？

然而现状是——不少孩子只知道向父母要钱买这买那，认为父母给自己吃好的、穿好的是理所当然的。他们不知道家里的钱是怎样得来的，不知道父母是怎样一天一天把自己养大，付出了多少汗水和心血，做出了多少自我牺牲……这样的孩子怎么能珍惜父母所带给自己的一切，怎么能从心底里产生对父母的感激和敬重，又怎么能自发地产生回报父母的行动呢！

所以，如果你希望孩子变得无情、不知感恩，就不要再做默默奉献的父母了。如果父母能做到让孩子沐浴父母之爱的同时，懂得理解父母巨大的付出，懂得父母爱的苦心，就会知道感恩父母，知道应该以爱反哺父母。

一位妈妈这样分享了她的经验：周末的早上，一定是我睡懒觉的时候，如果女儿起得早，那对不起，早饭自理。偶尔，女儿要在周末参加活动，需要我早起去送，我会拍拍她的小脑袋，发点儿"牢骚"："哎呀，为了你，妈妈又少睡了一个懒觉。"女儿呢，也会搂着我懂事地回答："那我把最好吃的糖果分几颗给你，谢谢妈妈。"

其实，没有哪一位父母真正在乎孩子的回报，但是却一定要让孩子明白，不能把父母的付出看成理所当然。

实际上，日常生活中的很多小事都可以作为感恩教育的契机，例如，孩子们都很重视自己的生日，早早就在策划自己的生日怎样度过。我们很多父母给孩子做生日很大方，花很多钱把孩子的伙伴请到酒馆开一个晚会，烛光闪闪，笑语欢歌，好不热闹。可是心细的父亲不应该忘记在给儿子切蛋糕前，告诉儿子选送一支鲜花给妈妈，感谢妈妈在这一天送他来到这个世界上。

再比如，当孩子能做一些家务以后，可根据具体情况选择性地让孩子参加一些家务劳动，了解家庭建设中的大事、难事，感受父母的不易。要求孩子自己能做的事情绝不让父母做，比如自己能洗袜子，就自己洗，不要再劳烦父母。甚至，可以向孩子"索要"一些爱的回报，例如，爸爸妈妈累了，就让孩子端杯茶来；与孩子一同上街购物，要求孩子也帮助拎一部分可以拎得动的东西。

平时更要多向孩子们讲述一些他们成长的故事，讲讲父母为他们付出的艰辛。使孩子从小意识到自己并不是石头缝里蹦出来，也不是山上拾来的，而是父母一点点养大的。当然父母在讲述时要自然，感情要真挚，不可让孩子觉得父母在"居功自傲"，要让孩子体会到父母伟大的爱。

学校也不能忽视对孩子孝心的培养，例如老师可以给学生出家庭调查问卷，要求学生以"父母习惯知多少"为题回家访问父母。参考题目如下：①父母一天的作息时间安排。②父母一天都做了哪些工作，工作多少时间，劳动强度如何，平均获得多少劳动报酬。③父母回家都做了哪些家务，花了多少时间？④父母为子女做了哪些事情，花费多少时间？⑤你了解父母的兴趣爱好、身体状况、生活习惯吗？⑥你是否体会到父母的辛苦，是否体谅父母？⑦你平常对父母采取什么态度？在调查的基础上，让学生制定一个与父母沟通，孝敬父母的方案，使孩子慢慢养成孝敬长辈的好品德。

▶ 善恶体验：建立正确是非观

孩子的是非善恶观不是天生的，而是在不断的学习和生活中逐渐形成的。增加孩子对做坏事的厌恶体验和做善事的愉悦体验，在好事和坏事的相互比较中，孩子自然就知道应该怎么做了。

纽约的一栋摩天大楼的电梯按钮总是坏得很快。人们虽看见电梯按钮已经亮了，还是要再按一下才安心。管理者在电梯旁贴很多告示，都没有效。后来一位心理学家在电梯门上装了一面大镜子，就轻易解决了问题：只要一站到镜子前，原先熙熙攘攘的人群马上就变成了绅士、淑女，耐心地等候电梯。

心理学家解释说：谁都希望在别人面前呈现美好的形象，很少有人会故意做出某些恶形恶状。他们出现这种恶形恶状，只是因为不知道而已。而镜子则使人们能清楚地看到自己的行为，也就促使人们表现出比较好的行为。

同样的道理，比如当孩子有暴力、自私、冷漠等倾向时，我们可以用手机记录下他们的言行，或者在事后，把他们的行为模仿给他们看，把他们当时说的话说给他们听，让孩子像照镜子似的了解自己当时的不良的形象。另外，还可以让孩子看到他人不良言行的"行为后果"，使他对这类事情产生深深的厌恶心理，他自己也就有了辨别行为的能力，从而自觉地去抵制不良言行。当然，对孩子的残忍行为，父母和老师一定要坚持立场，绝不允许孩子有任何残忍行为。

同时，我们还应该增加孩子关爱他人的体验。期盼和要求孩子们以符合道德标准的、关爱别人的方式对待所有的人，这是使世界更美好的最好的方法。

例如，在家中，父母可以让孩子像做游戏一样做善事。例如，每周给他一点时间用来做善事，一周后，让他说明在什么善事上花了多少钱，通过称赞和鼓励提高孩子的荣誉感。开始的时候可能会无功而返，但是经过几次锻炼，孩子自己会找到做好事的方法。

利用存钱罐来教育孩子应该也不错。在存钱罐的外面贴上标签，比如"帮助非洲畸形儿的存款"，然后将积攒的零钱捐给慈善机构或救援机构，从而培养孩子从另一个角度看这个世界。如果能够把捐款的使用情况具体地告诉给孩子，其价值就会更加鲜明。

学校也应该定期寻找让孩子做好事的机会，比如：组织学生给医院儿童病房送多余的玩具，在收容所种花，或是给老年人读书。

在日常生活中体验做好事，时间一长，孩子自然就会知道什么是善良的行为了。而且，孩子小时候经历的关爱别人的事情越多，关爱他人成为他终生习惯的可能性就越大。

第三章

尊重孩子是对他人格最好的培养
——在尊重与被尊重中升华灵魂的高度

尊重孩子的人格，孩子便学会尊重人。在家里，要从小就把孩子当作独立的社会人来养育。这样培育出来的孩子，走上社会便能够成为独立的社会人，并具有"后生可畏"的劲头。

——日本教育家池田大作

尊重，是孩子健全人格的基础

美国人本主义心理学的主要发起者马斯洛认为，一个人对尊重需求是较高层次的需求，尊重需要得到满足，能使人对自己充满信心，对社会满腔热情，体验到自己活着的用处和价值。

孩子也是一样。一旦孩子使得尊重成为生活的一个部分，他将更能关心别人的权利和感情，他也将因此而更加尊重自己，这也是一个孩子人格得以健全的基础。

▶▶ 每一个孩子都应该被尊重

世界著名教育家斯特娜夫人说："自尊心是一个人品德的基础。若失去了自尊心，一个人的品德就会瓦解。"因此，我们在对孩子进行人格培养和塑形时，最重要的一点就是要保护和提升孩子的自尊心。

一般来说，孩子在 1 岁以后就逐渐有了自我意识，5 岁以后就已经拥有了很强的自尊心。大人尊重孩子，孩子的自我接纳程度就高，自尊感、自信心、进取心、责任心、独立性才得以健康发展，其他优点也会随之而来，而且，习惯了"尊重"这种人际交往模式，他也会习惯性地将这种模式投射到与他人的交往过程中；相反，自尊经常受到伤害的孩子，长大后容易形成反社会人格障碍，在人际交往中会出现很多问题。曾震惊全国的马加爵事件、药家鑫事件，追溯当事人的成长经历，其中都有童年被人耻笑的刻骨愤怒，长大后这种情绪一触即发，终于酿成大错。

这样看来，我们必须学会尊重孩子。但这并不是一件容易的事。

网络上看到过这样一条新闻，说的是某市两所中职校将"尿检"列入学生体检项目，为的是查学生"早孕"。推行"尿检"的两所学校也许是出于好心，希望借此教育学生自尊自爱，但对所有学生一概推之，其实是在怀疑和否定他们，有学生就说"感觉被践踏了自尊"。在家庭教育中，"好心伤害"的事例也不少。比如，为了解孩子是否早恋，偷看他们的日记和短信；看孩子在房间是不是写作业，隔着门缝观察；更有甚者，有的家长为戒孩子网瘾，不和他们商量，直接将其送进所谓的"训练营"……

不尊重孩子的行为就这样在我们毫无意识的情况下发生着。当我们用这些无意识行为在跟孩子互动时，就会抑制了他自尊心的良好发展，久而久之，孩子会觉得"我是不被尊重的"，那么他潜意识对自我的评价就是："我是一个不值得别人尊重的人！"丧失了自尊，他也就失去了自强的力量，人格自然也会沦陷，我想，这个结果一定不是你想看到的。

给孩子必要的尊重，是塑造孩子人格的一个重要前提。每个孩子都应该被尊重，如果我们心中有这根"弦"，就会改进一厢情愿的教育方法、要求和目的：和孩子平等相处，孩子自己的事，若孩子能处理好，就尽量让孩子处理，努力尊重孩子的人格，让孩子自由自在生活……总之，对待任何问题，不妨转换身份，从孩子角度考虑一下，多想几个"孩子会怎么想"，"是否让他们觉得不舒服"，只有这样才能真正做到与他们平等对话、交流情感，使他们从中感受到我们的爱和自身的价值，并由此学会尊重父母、尊重老师、尊重他人。

▶▶ 尊重他人是孩子的必备品德

尊重他人，是孩子的一种必须具备的品德。因为一个孩子只有尊重别人，才可能正视别人的意见，才有可能接受别人的教育。不尊重别人，谁还愿意指点他、教育他？别人对他提出的忠告，他也决不会听进去，这样的孩子，很难进步，很可能与社会处于一种隔离状态。而且，尊重他人，也是一个人人际关系的起点。如果孩子不尊重别人，别人也不会尊重他，甚至不可能信任他。这样，他在人际交往之中就会有许多摩擦，就会失去许多的朋友，这样，他在人生的路上，也就失去了他人的帮助与扶持。

但现状却不容我们乐观。从《儿童》杂志上引录的一次调查中，在 2000 名被调查的成年人中，只有 12% 的人觉得孩子们一般能尊重地对待别人；大多数人将孩子们描述为"粗鲁"、"不负责任"以及"缺乏纪律性"。

事实上，生活中我们也确实常常会看到这样的现象：教师已经站在教室的门口，班级中还有讲话声；课堂上老师讲得滔滔不绝，下面有的同学在做小动作；同学回答问题时总有插嘴的打断别人的回答；回答问题回答得不好或说话口吃就会引起其他同学的大笑；喜欢叫别人外号，见到残疾人会上前围观，见到别人陷入困境会加以嘲笑，看到别人倒霉会幸灾乐祸……

孩子这样做，也许是因为想看热闹、好奇，有时是想开个玩笑，或者只是盲目地跟着别的孩子做，但其实归根结底，是他们还没有学会尊重别人，他们并没有理解这样做是不尊重别人，没有意识到他们这样做，实际上是在伤害别人的心灵。

所以，即使孩子天性是善良的，但是仍然需要教化，不要因为无知而使他们长成缺乏尊重、无视权威，进而道德败坏的人。

除了平时要经常耐心地给孩子灌输做人的道理之外，当孩子的行为不正确时，一定要及时地制止他。只要你保持认真的态度，即使只使个眼色、做个手势，都会让孩子清楚知道，事情不对了。可以将他带离现场，然后陪他好好想一想，比让他一个人面壁思过来得有正面意义，并且记得与他讲清楚说明白，究竟为何不好。

总之，尊重别人不是件小事情，这是父母、老师要从孩子们幼小的时候就应该教会他们的。

你是一个尊重孩子的大人吗？

其实，我们相信现在许多大人都知道应该尊重孩子，但实际上却并没有做到。

别急着否认，看看下面这些事哪件你没做过呢：

该吃饭了，而孩子还在玩玩具，你走过去，"拿"掉他手里的玩具，带他洗手："我们该吃饭了！"给孩子喂饭，你觉得他肚子饿了，就一定要吃；你觉得他没吃饱，就一定还要往他的嘴里、肚里塞；孩子玩剪刀、叉子、牙签……你觉得有潜在的危险，赶紧冲过去，一把夺下；遇到朋友，给孩子下指令叫人，却不做相互介绍；你想给孩子洗澡，他洗也得洗，不洗也得洗；带孩子郊游，孩子要完全听从学校的安排，安排去哪儿就去哪儿；孩子的成绩，不管考的好坏，都要当着全班公布出来；批评孩子不分场合……

这些你也许毫无意识的行为其实都是在伤害孩子的自尊心，如果你还没有理解，那就把其中的"孩子"换成自己想一想。

其实，尊重孩子也是需要学习的。

▶ 尊重人格：平等基础上再谈尊重

其实，我们之所以总是自觉不自觉地把自己的意愿强加在孩子身上，是有原因的。我们之所以能尊重成年人，是因为大家处在平等的位置；我们难以尊重孩子，主要是我们和孩子不在同一高度。成人总是习惯高高在上地俯视孩子，尤其是许多父母，常常把孩子当"私人物品"养育，这样的对话自然难以平等。

但你必须知道，即使儿童是一个没有行为能力的公民，可却也是一个有独立人格的人，他们也有能作为权利、义务主体的资格。一个懂得尊重孩子的成人，一定是把孩子当成一个独立的人，并将其放在与自己平等的位置上，这时再谈尊重才有意义。

实际上，这也是为什么彬彬有礼的孩子多出于民主型教育环境（包括家庭、集体）的原因。能和孩子进行民主型对话的大人，他们既不把自己的意志强加给孩子，也不会听任孩子的所有要求，常常是通过讨论、谈话，把事情讲清楚，然后与孩子共同作决定。这样的大人，跟孩子的关系更像朋友，彼此能够信任和尊重。他们往往根据孩子的愿望、需要或能力提出适当的要求，而不会强迫孩子按照自己的意图去做事。在这样的大人面前，孩子是自由的、平等的，这就极大地鼓励了孩子的自信与自尊。同时，也保证了孩子不会任性，不会放荡不羁。只有这样，孩子才能更健康快乐地成长。

归纳起来的话，如果你希望尊重孩子的独立人格尊严，就应努力做到以下几点：

一是清除自己头脑中的封建家长制余毒。父母和老师，都没有资格站在"我说你听""我打你受"那种支配一切、指挥一切的高度上。孩子必须管教，但又必须把孩子作为一个与你平等的人。

二是学会控制自己的情感、情绪。面对孩子，我们必须有一种自控意识，保持理智清醒的头脑。即使在孩子令自己特别生气的情况下，也要暗示自己：冲动是魔鬼，我如果失控，教育就会失败。

三是保持一颗"童心"。我们是成年人，学习了不少知识，加上丰富的人生阅历和人生经验，对很多现象、问题都有自己独到深刻的看法。但是孩子不是，他们的人生才刚刚开始，很多在成人眼里根本不值一提的事情，对他们来说却可能是个难题。正所谓，站在不同的位置会看到不同的风景，处于不同的立场会产生不同的观念。所以说，我们还要保持一颗"童心"，多从孩子的高度去看问题，多听听孩子的意见和想法，理解他、体谅他。

四是舍得放手。父母和老师，谁都不可能跟孩子一辈子，也不可能包办孩子一辈子，孩子的未来需要靠他自己去开创。如果大人人为地剥夺了孩子锻炼的机会，以为这样是给予了孩子最好的保护，却恰恰是害了孩子。让孩子勤于实践、经常锻炼，才能让孩子尽早适应将来的独立生活。

总之，尊重孩子的人格尊严，是每个育人者的责任。不论孩子的大小，他们都是实实在在的一个人，与孩子平等相待，保护孩子的自尊心，用欣赏的眼光，鼓励性的话语去真诚而积极地评价孩子，这对健全孩子的人格有着积极的作用。

▶▶ 尊重自然：儿童就要有儿童的样子

我们习惯将每一个孩子比喻成一张白纸或者一个空空的容器，再由我们来任意填充、灌输。这其实是对孩子的天赋才能和道德人格的不负责任，甚至可以说是一种侮辱性教育。

其实，尊重孩子的另一个重要内容，就是要尊重孩子成长发展的自然规律。包括：

第一，尊重孩子的天赋。根据生物学、生理学、心理学等学科的研究，每一个孩子在初生时就已经具有了某些独特的天分或才能。遗憾的是，在这个本来可以让孩子接受更好教育的现代社会，反而最终把孩子从原创、孤品变成山寨、赝品，从自然人变成人造人。心理学家又瑞克·弗洛姆说，没有尊重的爱是控制。我们不断地以"爱"的名义，通过控制、束缚、灌输、强迫的方式，压制了孩子的思想，扼杀了孩子的天性，规划了孩子的人生，塑造了孩子的灵魂。这样教育出来的孩子只能是不快乐的、呆板的、自私的，甚至素质低下的。

其实，正如世界上没有两片完全相同的树叶一样，每个孩子也都有自己独一无二的天赋，并且它只能从内部唤醒并获得，不是从外部学习而来。因此，对于每个育人者来说，我们需要做的，只不过是发现他的个性、发展他的个性，使他做得最好。我们通常所说"做最好的自己"，就是指这个意思。而不是把孩子按照某一种理想，按照某一种规格和统一标准进行培养。

第二，尊重孩子的发育。一粒种子什么时候发芽、什么时候开花、什么时候结果，是受时节影响的。孩子的成长也是如此，而孩子成长的时节就是孩子的"敏感期"。蒙特梭利形容"经历敏感期的小孩，其无助身体正受到一种神圣命令的指挥，其小小心灵也受到鼓舞。"可见，敏感期不仅是幼儿学习的关键期，也影响其心灵、人格的发展。只有尊重自然赋予儿童的行为与动作，并提供必要的帮助，孩子才有可能健康快乐成长。

然而，对孩子寄予厚望的每一位教育者（甚至包括这个社会环境），受此心愿的驱使，都会越来越急切地想让孩子提前学习各种文化知识、艺术课程，以便他们将来进入小学、中学、大学后，学得更好一点，更轻松一点，将来走得更顺利一些。

但是，如果违背了孩子自身发展的内在规律，往往会把事情弄得很糟，孩子过早进入学习阶段，免不了会遭遇种种困境与失败。而成人在急于求成的心理驱使下，往往只能接受孩子的成功，不能接受孩子的失败，因此只是一味地批评、责骂孩子。在这种状况下，还谈什么尊重孩子？

事实上，除了个别的天才在某些方面表现出超常的天赋可以个别培养外，大部分的儿童还是应该按部就班地进行教育。教育家卢梭说过："大自然希望儿童在成人以前，就要像儿童的样子。如果我们打乱这个次序，就会造成一些果实早熟，它们长得既不丰满也不甜美，而且很快就会腐烂。就是说，我们将造就一些年纪轻轻的博士和老态龙钟的儿童。"其实，孩子们需要的是自然发展的时间表，我们应该也必须让他们循序渐进地走完每一个发展阶段。

尊重的存在条件：从被尊重到尊重

作为一种值得孩子拥有的尊贵品质——尊重，不是在说教中建立起来的。抽象的教条只能使得孩子更加迷茫。正确的教育方法应该是先让孩子体会受人尊重的感觉。长期沐浴在被尊重的阳光雨露下的孩子，自然会感受到被尊重带给的幸福感和快乐，同样也会形成习惯，把这份快乐传递给更多的人，这就是从被尊重到尊重他人的意义。

下面这六个原则，如果你可以遵守的话，孩子肯定不会差。

▶▶ 原则一：人前不教子

不随便指责、训斥别人，是尊重一个人的最基本要求。但这一点在成人与儿童之间却是司空见惯。一位心理医生就曾经非常痛心地讲述他碰到的现象："很多父母为了孩子的问题来找我，当他们绘声绘色地描述着孩子的种种不良行为时，孩子就站在旁边听着呢！"

这种"人前教子"的所谓教育，其本质的逻辑也许是希望通过让孩子产生羞耻感、羞愧感，从而让他认识到自己的错误，进而改变不好的行为或者想法。

然而，从心理学角度看，这种做法并不可取。事实上，真正可以会让人深刻认识到自己错误的心理情绪，是内疚，而非羞耻。

这两者的区别在于：内疚，即针对某一件事、某一个人的情绪，是出于对自己曾经的行为的反省之后产生的感受，是个人化、内省的情绪；羞耻则不一定是针对特定的人或事，也不一定出于任何反省，而更多地与他人的目光有关，是一种社会性很强的情绪。也就是说，如果在人前对一个人的错误横加指责，这个人会产生羞耻感，但是他内心不一定是真的认识到自己有什么错，他感受到的更多是丢脸。

那么，当你感觉丢脸时，你会怎么样？会深刻反省自己错误吗？不，你只会想着如何逃离这个丢脸的情境。孩子更是如此。当孩子的脸面被指戳得千疮百孔时，他哪里还会顾得上反省？他会觉得这个世界很可怕，只要做错事情，就会被很多人关注着，且会受到很多人的批评和指责，他自然就没有安全感了；而常常被"人前教育"，孩子会觉得自己做什么都是不对的，都是错的，都会受到很多的批评和指责，他所有的表现只会收到负面消极的反应，自然就没有自信心了；更重要的是，听惯了指责与否定的孩子，会在脑海中烙下深深的烙印，形成这样的人格特征，长大后也习惯于指责和抱怨别人，习惯于怨天尤人。

当然，人前不教子，不代表就任他为所欲为。并不是所有的批评教育都以伤害孩子的自尊为代价，比人前教子更好的方法是：

眼神提醒

很多时候，巧妙地使用肢体语言比语言本身更有效果。比如，你害怕孩子养成接受任何人食物的习惯，容易出现意外或者吃到危险食物，尽管平时的教育不少做，但孩子却总想接过别人给的一些食物。这时，不妨使用一个眼神，或者努努嘴来提醒他，不能这样做，孩子一般也就心领神会了。

带离现场

孩子在外面人多的地方不听话，不守规矩，或者有些无法无天，搞到父母难堪是常有之事。即使如此，也不要当着众人的面直接训斥他，而是应该悄悄地借着上厕所或者喝水的机会，把他带到安静的地方，耐心告诉孩子他的过分行为，这样他也能听进去，你也不用很费力地让他明白道理。

降低声调

在人前，越是批评、训斥的话题，就越应该用低于平日的声调来讲。这样，既可以表示父母对他的期望，另一方面也不容易使孩子产生逆反情绪，让他对于父母的批评教育更容易接受。

例如，有一个3岁的小男孩在客人家的床上又蹦又跳，这时妈妈走近他，用轻得几乎让人听不见的声音在小男孩耳边说："你觉得不经客人允许就随便在客人床上乱蹦，可以吗？"母亲的声音十分轻柔，脸上带着和蔼的微笑，但小男孩却像听到了严厉的批评，马上停止了乱蹦。

▶ 原则二：看破别说破

不知道从什么时候起，孩子的日记上了锁；信件从衣柜藏到床底；短消息来来往往，还莫名其妙地偷笑；有什么情况也不再跟大人汇报了……出于强烈的"责任心"，一些父母、老师便按捺不住地将手伸向孩子的日记、信件，甚至会偷着在他的书包里寻找蛛丝马迹。

成人的动机是不容置疑的，但却在有意无意中侵犯了孩子的隐私权。

人人都有不愿告诉别人的私事，这便是隐私。个人隐私应得到尊重，法律也规定保护个人隐私不许侵犯，这便是隐私权。孩子当然也不例外，这也是《联合国儿童宪章》赋予地球上每一位孩子的基本权利。

从心理学来说，随着年岁的增长，孩子已经拥有一个相对完整、真正属于自己的世界，这个隐秘世界是孩子的自由王国。孩子保护自己的隐私，其实是一种独立意识和自尊意识所体现的正常心理反应。侵犯孩子的隐私，甚至随便暴露、当众宣扬（包含个人生理、行为等方面的缺陷、错误、失算等），这无异于敲打一个有裂纹的花瓶，让孩子无地自容，把孩子的自尊心敲碎。

孩子会因为成人不尊重自己而产生逆反甚至怨恨心理，他也许会采取更有效的措施保护自己的"私密空间"，更为严重的是，也许从此以后在他与成人之间的心灵上产生了难以逾越的"鸿沟"，更不要说主动地和大人谈谈自己的心事了，也许你从此就真的再也无法了解到他的真实心理状态了。

让孩子拥有隐私，就是维护孩子的心身健康；尊重孩子的"隐私世界"，是对孩子人格的保护，所以成人一定要正确对待孩子的这种心理需求，给他一个自由的空间。只有这样，孩子才能感受到尊重，那么，他在家中就会尊重父母，在学校会尊重老师和同学，在将来的人生道路上也会尊重他人。

但尊重孩子的隐私，并非对他放任自流。看破而不"说破"，才是比较妥当的教育法子。

一是不对孩子"说破"。通常，隐私未必是什么光彩的事儿，却是构成一个人安全的全部。哪怕是父母，也不应该强迫孩子坦承自己最脆弱的一面。当发现孩子有秘密不愿意让大人知道时，你可以主动以平等的态度与孩子多交谈，谈你在与他同龄时的一些所思所想、成功和挫折，甚至谈一些当初的隐私，谈自己对事物的看法和想法，倾听和征求孩子的意见和建议，使自己成为孩子可以信赖的朋友。那么，孩子也许就会愿意主动把自己心中的秘密告诉大人，这样，你也就能了解和掌握他的隐私，给予必要的指点和教育。

二是不对外人"说破"。如果在孩子面前，你总是出尔反尔说话不算数，或者把他的秘密告诉别人，那孩子以后还能把真实想法告诉你吗？和孩子建立信任感，让他明白你是值得信任的，值得他把秘密告诉你，他才愿意和你分享。

▶▶ 原则三：商议非独断

"商议"这个词，在成人与孩子之间的使用率一般应是不高的，即使是在一些比较开明的成人，孩子的意见也只是听听而已，根本不被重视。但这却从侧面反映出，成人根本没有把孩子看作与自己一样平等的人。

事实上，只要是家庭或集体中的成员，都有权参与相关事件的讨论与决定，许多事情就应该和孩子商量着办。商议，不是简单的迁就，而是成人与孩子对话、沟通、相互了解，形成双方可接受的意见或办法；商议，不是成人发号施令，而是真正地把孩子当作一个人，更当作一个孩子来对待。时常被大人请去商议某件事情的孩子，到了他要做一项决定的时候，也会主动地去跟大人商量，而不是一意孤行。

这一点，很多西方国家就做得很好，比如：一位在瑞典工作了3年的中国人对此有着很深的体会。他的瑞典房东达卡先生就是一个很懂得教育孩子的人。当他初次步入这个家庭的时候，达卡先生9岁的小儿子就热情地向他打招呼："中国叔叔，你好，我是克里。"他很奇怪，问克里："你怎么知道我是中国人？"克里顽皮地一笑："我不仅知道你是中国人，还知道你和猴大仙是好朋友！"原来，当他打电话给达卡先生，想要租住房子的时候，达卡先生专门召开了一个家庭会议，征求全家人的意见。克里听说是个中国人，便说："他知道猴大仙吗？如果他不知道就不要租给他了！"（克里这段时间被英语版的《西游记》吸引住了，孙悟空在这部英语版的片子中被翻译成了猴大仙）达卡先生马上打电话跟他求证。这让他莫名其妙，他夸张地回答："我不仅认识猴大仙，我们还是朋友呢！"这样达卡先生一家才同意把房子租给了他。

不要觉得孩子小就将他排除在外，即使是一只小鸭子，它也有叫的权利。生活中纯粹的大人之间的事你可以暂时不让孩子知道，可是还有很多事是完全应该让孩子也参与讨论的，比如，好不容易有个假期了，商量着去哪儿玩好；比如家里经济紧张了，需要商量如何节约开支；比如要添置一样家具，需要商量买什么式样和价位的；比如想在班里搞个小活动，商量怎么办才有创意……这些事情完全可以让孩子也参与讨论，让他也贡献一份"才智"。

哪怕他说不出有价值的建议，这种讨论本身，对孩子来说，就是有意义的。除了可以让孩子更深刻地体会尊重的含义外，也是对孩子独立能力的培养。因为当大人征求孩子意见的时候，孩子也会就大人所提的问题进行思考、分析、比对，然后做出自己的决策，这正是对孩子决策能力的一种锻炼。

▶ 原则四：交往别干涉

交友是人生的一项重要内容，因此，很多大人整日睁大眼睛帮孩子甄别他的朋友，以家长或老师的"权威"干涉孩子交友。例如，有些父母会让自己的孩子与一些所谓的"有教养"家庭的孩子在一起，不让他接触那些比较调皮、野性十足的同学，还有些老师也会嘱咐那些成绩好的学生，让他们远离那些学习差的同学。

出发点也许是好的——怕孩子被欺负、怕孩子成绩退步，但结果却往往不太好。

从心理学来说，孩子在选择朋友时，有一种潜在的"互补意识"，如果他乐于与调皮一点的、"野一点"的孩子交往，也许正是他自身太过温顺，太过懦弱了，所以渴望自己能具有对方一样的性格特征。所以，和调皮的"野孩子"交朋友，其实有助于孩子个性的完善。

同样，那些学习不太好的孩子，可能在其他方面有突出的地方，他的学习虽然不是班里最好的，但他的威信却可能是大家中最高的，因为这样的孩子往往很有正义感，又肯热心地帮助别人，所以你的孩子可能对他很有好感。如果我们大人仅仅以"学习好"为标准来"指导"孩子选择朋友，岂不是把这些最值得交往的人拒之门外了吗？

而且更重要的是，每一个孩子终将走上社会，和形形色色的人打交道。如果他从小不和这些人交朋友，磨炼与这类人相处的艺术，那么步入社会之后又如何能成功地应对这类人呢？

事实上，在孩子的成长过程中，很重要的一项内容就是要增强对环境的适应力和辨别力。孩子要适应这样一个"林子大了，什么鸟儿都有"的现实环境，并辨明是非，选择和自己志趣相投的朋友交往。这锻炼的就是一个人的适应力和辨别力。如果我们为孩子选择好了朋友，那么他就不必发挥他的辨别力了，也不必努力适应环境，只需要被动顺从环境就行了。

因此，不妨把择友的权利还给孩子，你只需作出适当的引导。即使他可能会和那些好打架闹事的同学交朋友并模仿他们的行为，认为那是讲哥们儿义气，是勇敢；或者可能会和那些挥霍金钱、讲究吃喝的同学交朋友并学着他们的样儿，认为那是成熟、有品位。你也不应该指责他乱交朋友，而是要帮助他正确认识那些行为的弊端。有了辨别是非的能力，他就会主动远离那些行为习惯不好的人，主动与那些积极进取、健康向上的人为伍。

另外，孩子在与其他小伙伴交往的过程中，肯定会有争吵，有时可能还会大打出手。这时，很多大人就充当起宣判是非的法官来，按照自己的意愿替孩子解决纠纷。

不过，这种"越俎代庖"的做法不但收效甚微，而且对纠纷双方孩子来说都是有弊无利的。有些在大人们看来是性质很严重的问题，在孩子的眼里，也许并不是什么天大的事情。倘若我们以成人的思维方式来定性孩子的行为，很可能使问题复杂化。

孩子间的问题就应该让他们自己去解决。一般来说，孩子间的争执有两种性质，一种是由于双方都不明确参与某个活动的行为而造成的无是非标准的"无谓争执"，另一种是由于对规则的维护或违反而造成的有明确是非标准的"必要争执"。即使前者对孩子社会化发展无多大价值，但孩子可以通过辩解、说理和争吵这种方式，了解自己和他人，学会进攻与忍让，斗争与妥协的艺术，学会如何去面对胜利与失败。这对孩子交往能力发展和心智的健康成长，有着成人施教所不可替代的重要意义。

父母或老师，谁都不可能永远充当孩子的"保护伞"。每个孩子说到底都属于社会，总有一天他会走向复杂的社会，到那时人际间的各种冲突远比现在小伙伴之间的纠纷要复杂得多。及早放手，让孩子靠自己的智慧去解决与同伴之间的冲突和纠纷，这才是最明智的做法。

不过，要做到"孩子之间的争执不关我事"确实很难，事实上，我们可以，也应该和孩子们一起找出解决冲突的方法，只是这不应该在发生冲突时进行，而是在那之后。发生冲突时，我们的说教、讲道理或者插手帮忙，只会变成"战争"的武器而已。

▶▶ 原则五：倾听不打断

任何一个人，不管是成人还是孩子，如果他所在的组织给予他发言的机会，他自己便会产生被重视、被尊重的心理。而许多大人在和孩子说话的时候，通常以长辈的身份出现，而孩子则会做理所当然的倾听者，这种对话方式，何谈尊重？

事实上，关于孩子的一切，只有他自己才是最有发言权的人。让孩子说出自己的想法，才是对他的尊重，尊重他作为一个独立的个体，尊重他的思想与决定。

记得曾经看过这样一则故事，一位母亲问她五岁多的儿子："如果妈妈和你出去玩，我们渴了，又没带水，而你的小书包里恰好有两个苹果，你会怎么做？"儿子歪头想了一会儿，说："我会两个苹果都咬一口。"可想而知，那位母亲有多失望。可她还是温柔地问："你为什么要这样做呀？"儿子说："因为我想把最甜的一个给妈妈！"

现实生活中，有多少大人可以做到耐心听完孩子这最后一句话？我们大多会想当然地认为孩子这样做是想把两个苹果都据为己有，从而训斥孩子，连解释的机会都不给孩子。

其实，每个孩子都是小天使，他们的内心有我们成年人想象不到的善良、单纯，也有不同于我们成年人认知世界的独特视角。多一点儿耐心，无论孩子在讲什么，都不要打断孩子的讲话，更不要插入批评的语言，让孩子把话讲完。当我们用希望了解、希望倾听的态度与孩子谈话，我们就是向孩子表示我们尊重他们的能力，尊重他们的独立性。而孩子对事物的感受，往往比他所接受的直接教育更能引发他的行为。

对于那些不善于表达的孩子，我们更应该学会引导他们说出自己的心声，只有这样才能和孩子建立起互相沟通理解、健康、和谐的关系。看看下面这位母亲的做法：

最近，妈妈发现她上六年级的女儿经常一个人闷闷不乐，便决定找女儿谈一谈。

这天晚饭后，妈妈拉着女儿的手，说："我女儿这几天好像很不高兴。走！妈妈带你去公园散散步。"一路上，女儿都是一副欲言又止的样子，妈妈便说："孩子，你长大了，人长大了都会有心事。我不是说过吗？我虽然是你的妈妈，但也是你最好的朋友。你有什么心事、什么困难都可以和妈妈诉说，妈妈即使帮不了你，也可以为你分担一点啊，对不对？还有人比妈妈更值得你信任吗？"这时，女儿好像才没有了顾忌，靠着妈妈的肩膀，小声地说："妈妈，我总觉得这件事不太好说。怕您不理解，怕您生气。"妈妈笑了，说："傻孩子，妈妈也是从你这么大长过来的，有什么不理解的？说说看？"

原来是她的同桌对她表示了好感，她不知道该怎么办。妈妈这时才明白了女儿这些天来情绪不好的原因。接着，妈妈用自己的经历给了女儿一个建议："妈妈建议你和那个男孩说清楚，做朋友挺好的，可以互相帮助互相学习。但不能有其他的想法，因为你们还没有真正长大。妈妈相信他能想通的。如果有什么麻烦你可以随时和妈妈沟通，好吗？别难过了。""妈妈，您真好。我开始都不敢和您说呢。"女儿笑得很释然。

这位妈妈的做法值得我们借鉴。懂得倾听孩子的心声，懂得引导孩子说出自己的心声，把心中的苦水倒出来，这对于孩子来说，是一种很大程度的释放。同时，这样的行为也会使孩子很明显地感觉到了大人对他的重视与尊重。

另外，在倾听孩子的过程中，还有一些小细节需要我们特别注意：例如，一定要与孩子平视，不可居高临下；不要做出用手捂着嘴巴，两手抱着胳膊，或翻看着书等举动，这些对孩子来说，是一种障碍。

要想表现出对孩子说话的兴趣，你不妨这样做：身体要稍稍向前倾，这是表示有兴趣的姿势；要睁大眼睛看着说话的孩子，很自然地用眼睛来表达你的兴趣和愉悦；在倾听孩子谈话的过程中，用简单的诸如"太好了！""真是这样吗？""我跟你想得一样。""你的想法太好了，请继续说！""我简直不敢相信！"等话语来表达你的兴趣；保持微笑，并常常做出吃惊的样子。孩子最爱吃惊了，用大人的话是"大惊小怪"，他们希望看到大人对自己所说的事情表达出吃惊的表情。能把大人吓住，说明自己很有本事。

▶▶原则六：说到就做到

每个人都或多或少对他人许下过承诺，不管承诺是大还是小。而只要是承诺过的事情，我们也总会努力做到，如果实在做不到也会及时向对方说明原因并道歉。但是对孩子呢？

孩子刚上小学一年级时，有一天在上学的路上看见卖风筝的，便对妈妈提出买风筝的要求，并请妈妈周末带自己放风筝。因为妈妈着急上班，便随口敷衍孩子说："你只要在学校好好学习，妈妈放学接你的时候就买给你。"

放学的时候，孩子看见妈妈空着手来接他，失望地对妈妈说："今天老师在课堂上还表扬我了，妈妈你骗人，你空着手来的！"妈妈不耐烦地回答："我现在没空和你说这事，等周末再说。"

这样的情景，你是不是觉得似曾相识？现实生活中，为了达到某种目的，我们总是不断地给孩子一些承诺，但往往在达到目的的时候，我们却又把自己的承诺忘得一干二净。

你以为自己只是顺嘴说着玩，完全没当回事；你觉得小孩子记不住那些事，早就忘了自己的承诺。殊不知，每个孩子都是有心的"收藏家"，对于那些大人承诺过他们的事情总是记得一清二楚。你的"空头支票"开得越多，孩子对你的猜疑就越多，进而导致彼此的不信任就会增加，更严重的影响是，孩子也会养成类似的习惯，说话不负责任，答应别人的事情毫不放在心上。这对孩子的社会交往、人格魅力的形成都是很不利的，会对孩子的一生造成影响。

对孩子信守诺言也是一种尊重。成人与孩子之间的相互承诺也应像与成人的交往一样认真对待，它不仅是与孩子交流的一种合理形式，也是培养孩子健康人格的一种教育手段。当孩子认识到自己答应了的事情就必须做到时，便有了责任感，从而督促他们学会履行责任，养成良好的道德习惯。

如果我们因为某种原因影响了诺言的兑现，孩子感到失望、委屈时，切不可强迫孩子接受许诺不能兑现的结果。应主动而诚恳地向孩子道歉，把不能兑现的原因跟孩子讲清楚，取得孩子的理解和原谅，并在以后寻找适当的机会兑现自己没有实现的诺言。

你不必担心道歉会被孩子轻视，向孩子认错，并不会损害我们的威信。事实上他会更信任勇于自我检讨的父母或老师，会更亲近你，觉得你很有勇气，他自己也会形成勇于自我批评的美德。从心理上来说，孩子也会因为你一句真诚的"对不起"，而感到自信，感觉你也像对大人一样对待、尊重自己了，不由自主地自豪起来。美国儿童心理学家罗达·邓尼就曾说过："父母错了，或违背自己许下的诺言时，如果能向孩子说一声对不起，可以帮助孩子建立自尊，同时能培养孩子尊重人的习惯。"当然，你也不能为此就毫无顾忌地胡乱许诺，做不到再道歉。如果承诺太多而又总是不能兑现，长此以往，他对你的信赖感和威信力都会下降。

而且，即使孩子暂时无法谅解，也不能用呵斥、教训的方式对待孩子，应该允许孩子发牢骚、表示不满。有时，孩子只是因为已经把事情讲给同学朋友，怕没有面子而生气，只是一时的言行过激。从这个角度来说，不在孩子面前夸口，也显得尤为重要。

另外，还要提醒你的是，如果孩子提出一些不应该提出的要求，这时大人一定要有自己的原则和底线，即要把握一个"度"，要清楚地告诉孩子，可以还是不可以。这样就会让孩子渐渐懂得在生活中还有"可以""不许""应该"等一些概念，是非分明，才能促进孩子心理健康发展。

"坏"孩子变形记——从不尊重到尊重

孩子们既然可以学到尊重别人的行为，自然有时也会学到一些不尊重别人的行为。比如和大人顶嘴，给同学起外号、叫外号，骂人，嘲笑有缺陷的人……此时强力的阻止和惩罚是必要的。

上世纪60年代有一个著名的"波波玩偶"实验，就告诉了我们这样一个道理：教化（奖励或处罚）影响孩子的攻击行为。

美国著名的社会心理学家班杜拉，让一群4岁的孩子看录像，片中人在殴打、踢、摔玩具娃娃，但是分为三种结果，一是此人得到了奖励，在影片结尾，一个旁观者登场称赞他的行为；二是让此人受到惩罚；第三种是没有受到任何评价。这群4岁的儿童被分为三组，分别观看这三种结果的录像，然后，把他们一起带进放着玩偶的房间。

观察发现，除了第二组的儿童外，另两组都表现出了侵犯行为（打玩偶），而且第一组多于第三组。不过，如果告诉他们，模仿录像中的侵害行为，就可以得到奖品，那么第二组的儿童也会殴打玩偶，与其他组的孩子的区别马上就消失了。

也就是说，当孩子出现不尊重他人的行为之后，如果让孩子知道，你在倡导什么、反对什么，即使是那些已经养成"坏"习惯的孩子，也可以修正过来。

▸▸ 说服，而非压服他

妈妈正在跟亲戚闲谈，7 岁的儿子走过来拉她的胳膊，他要喝苹果汁，而且是马上。妈妈说："乖宝贝，稍等一会儿，我就给你去拿。"然后又回过身说起话来，儿子突然大叫道："妈妈，你给我闭嘴！"

这类随便对大人回嘴谩骂的现象在现实生活中并不少见。在养成孩子这种无法无天的坏习惯上，大人的态度起了决定性的作用，是我们的善意与后知后觉纵容了孩子不懂尊重他人的恶习。

但是，我们又不能要求孩子对我们无条件服从。要知道，尊重是相互的。孩子听你的话，如果是因为你人高马大，那就是你教育的失败。不用权威要挟孩子，而孩子还能自然而然地主动配合你，那才是真正有效的教育。

因此，面对孩子的"顶嘴"，你真正要考虑的是如何应对他，而不是如何让他言听计从、不作一声。

首先，你要向孩子展示你良好的自我控制。

当你能示范自我控制的时候，你其实是在教孩子怎样控制他自己。很多大人选择对顶嘴的孩子责骂不已，但如果你想示范嘶吼，你得到的也将是嘶吼。

所以，当孩子顶嘴时，千万不要叫嚷或者语带讥讽，试着用低一点的声音说话："如果我们不用做我们不喜欢做的事情，不是很好吗？"如果孩子说自己想独自待一会儿，请后退但不要放弃。你采取一种更精妙的方式，例如不带攻击与责备地给他写张字条，说你非常想听到他的回话。但不管你用哪种方式，记住一点：让你们的对话保持开放。

其次，给孩子与你争执的机会。

其实，孩子喜欢说"不"，是儿童心理成长过程中的必经阶段。一般来说，从两三岁起，儿童自我意识就开始萌芽了，随着年龄的增长，他会表现出越来越大的自主选择性，不愿处处被压制。一旦他们觉得大人管得太多，就会产生逆反心理，和大人顶嘴。

尊重孩子的想法，给孩子与你争执的机会，不仅可以加强沟通（争执本身就是沟通的一种方式），而且，孩子还可以在与他人的争执中，更全面、更深入地认识自我，如："我现在究竟是个怎样的人""我做得好不好"等，从而逐渐达到自我身份的认同。不同意见的碰撞，也会让他们学会社会认知技巧，以及面对错综复杂的事物时的理性分析能力。同时，孩子在争辩中，为了占据上风，就要不断地把有理的一面展现出来，于是他们会重新审视自己的观点，不断自问"我对吗"？他们也会为了揪住大人的"小辫子"，来重新考量大人的想法。回嘴争辩，对孩子来说其实就是个反省的过程，让孩子进一步了解自己也理解大人，将来，也就会理解他人。

再次，从孩子的立场去理解他说话的内容。

《庄子》中有"子非鱼，安知鱼之乐"的故事，如果不从对方的角度看问题，看在我们眼里的或许和事情的真相有着本质的区别。对于孩子的教育也是一样的，大人有大人的苦心和坚持，但孩子也有孩子的委屈和想法。

比如一个孩子对妈妈说："妈妈，我们今天考数学了。""是吗？这回得了多少分？""82分，比上次高10分呢。"孩子有几分骄傲地说。妈妈似乎并没有察觉到孩子的心思，接着说："你努点儿力行吗？""你凭什么说我没努力？比上次提高了10分，老师还表扬我进步了呢，就你总是不满意。"孩子生气了，提高嗓门喊了起来。"你怎么这么不懂事，我这不是为你好吗？你看看你，就算进步10分也比人家XX差，一点儿也不争气！""我怎么不争气啦？你嫌我丢你的脸是不是？人家XX好，那就让他做你的孩子好啦。"孩子气冲冲地走进自己的房间，"砰"的一声把门关上了。

对于孩子来说，每一次进步都是值得骄傲的，都是他努力的回报。如果大人懂得站在孩子的角度去看问题，给的应该就是赞美和鼓励，而不是比较和批评。那么，孩子的顶嘴问题就从根源上得以遏制了。

▶ 教育中一定要有奖有罚

每个孩子都是在错误中成长起来的，我们一方面要宽容，允许孩子犯错，但同时决不能对他放任自流。我们必须采取一些行动来纠正孩子，让他从小就明确是非曲直，学会判断优劣，这对于他的一生来说都至关重要。事实上，大多数成年人的不良言行习惯都源于孩童时期没有很好的管教。因此，我们应该抓住孩子人格成长的最佳期，对我们的孩子进行良好品德和行为习惯的教育培养。

最好的手段就是恰当运用奖励和惩罚。

20世纪初，苏联生物学家巴甫洛夫提出了生物界著名的"强化定律"。巴甫洛夫以狗作实验：先给狗发出铃声或灯光，紧接着给狗食物。这样多次结合后，即便没有给狗食物，狗也会在铃声或灯光中分泌唾液，也就是形成了一种"条件反射"。美国的心理学家斯金纳进一步发展了强化理论。他认为：人或动物为了达到某种目的，会采取一定的行为，当这种行为的后果对他有利时，这种行为就会在以后重复出现；如果不利，这种行为就会减弱或消失。对于那些已经养成不尊重他人习惯的孩子来说，奖励和惩罚双管齐下，才能有效地促进孩子的良好行为和抑制孩子不良的行为。

当孩子有了尊重他人的行为时，我们要给予奖励，这是对他行为的一种肯定，孩子在一次次肯定中，会逐步建立起尊重他人的观念体系，行为上自然也会随之增长。

在对孩子实施奖励措施时，需注意两点：一是要及时。研究表明，奖励的时间和所鼓励的事情发生的时间间隔越小，效果就越大。因此，只要孩子有了好的表现，我们就应立即奖励。这样才能强化他们的内在驱动力，使他们保持积极的状态。否则时过境迁，孩子对这个赞扬就不会留下什么印象，也不能起到强化行为的作用。这可能让他们感到自己的行为没有受到重视、价值没有受到肯定。二是别频繁。奖励如果使用过于频繁，也会降低奖励的效果。因为这样会淡化奖励的价值，减弱孩子的上进心。

当然，如果在每个孩子成长的道路上都只有鲜花和掌声，而不能经历惩罚的苦涩和挫折的磨炼，就不能造就健全的人格。不懂尊重他人的孩子只有接受必要的惩罚，才能在记忆中留下深刻的烙印；他们也只有在接受惩罚的过程中，才能加深对不良行为的抑制意识。

不过，在对孩子进行惩罚措施时，需要非常慎重。大多数惩罚实验研究表明，惩罚这种方法具有很大的局限性。它只能减少犯错误的次数，却不能带来正确的行为方式。因为惩罚是一种抑制性措施，它对人作出的是否定性的评价。而在人的社会化过程中，一个人如果得不到社会的肯定性的评价，他就会和社会保持距离。即使他在社会压力下抑制一些错误行为，但同时也潜伏着使这些错误行为再次发生的可能性。

从时间上来说，惩罚与奖励有一个共同点，就是都要及时进行效果才显著。如果一个孩子打了弟弟、妹妹，或对着妈妈吐口水等，妈妈却说："你等着，等你爸爸出差回来再说！"这样隔几天后，即便爸爸回来，事情也变得无所谓了。在一般情况下，错误行为刚刚开始或正在出现，就应立即给予惩罚；如果延迟了一段时间，效果就小得多。

从强度上来说，应该适度。如果惩罚过重，可能造成敌视、回避、逆反心理等不良后果。惩罚过轻，则收不到惩罚的效果。在孩子的无礼行为发生以后，你可以说："你对我的不尊重使得我们今天买东西的时间延长了，所以你今天晚上玩的时间就得减少。"或者说"因为你的态度问题，今天晚上你不能玩游戏，也不能看电视。"

此外，还有最重要的一点，就是惩罚不能因我们自己的心情而随意改变：高兴时就不闻不问，情绪不佳时就滥加惩罚。这样不但无法使孩子明确是非曲直，还会造成孩子看脸色行事的坏习惯。

当然，我们在运用奖励和惩罚的基础上，也不要忘了辅之以讲道理、分析原因等手段，这样会取得事半功倍的效果。

第四章

生活本身就是最好的老师
——独立人格是孩子耸立在现实生活中的塑像

孩子是即我非我的人。因为即我，所以更应该尽教育的义务，交给他们自立的能力；因为非我，所以也应同时解放，全部为他们自己所有，成一个独立的人。

——鲁迅

独立之人格，生存之根本

美国儿童心理卫生专家说，"有十分幸福童年的人，常有不幸的成年"。作家余华也说："中国年轻一辈人里面，很多优秀者，但很少能扛得了事儿的人！"

温室中培养不出参天大树，大人在儿时替孩子扛住了一切，今后又怎能渴望他扛住世界？只有让孩子独立面对一切，才能让孩子真正耸立于人间。

▶ 独立是孩子健康人格的表现之一

如果说文化知识是孩子腾飞的翅膀的话，那么独立能力则是孩子成长和成功的基石。孩子从小学会独立生存的技能，对自己的生活、学习质量以及成年后事业的成功和家庭生活的美满都将产生重要的影响。相反，如果一个孩子缺乏独立能力，就会表现出缺乏自理和独立思考的能力、对大人的依赖性强、心理承受能力差、没有主见、娇纵任性、自私狭隘等人格方面的问题。

媒体曾报道过这样一件事：一个旅游团有这样一对母子，母亲是一名退休的大学教授，儿子已过而立之年，有一份很不错的稳定工作，但尚未结婚，也没有女朋友。母子相处融洽，所到之处形影不离。

十几天下来，同团的人发现儿子非常听母亲的话，从吃饭到买东西都听母亲的，让做什么就做什么，就像一个六七岁的孩子很依赖母亲一样，而母亲也像照顾一个六七岁的孩子一样照管儿子，不得不说有些奇怪。

旅游要结束的头　天晚上，大家聚在　起喝酒聊天，其乐融融。教授不喝酒，只聊天，聊了一会儿，便站起身很自然地喊道："儿子，该回去了！"看得出来，她的儿子不想回去，还想再喝一会儿，但他似乎不敢把这个想法说出来。

众人看明白了，便七嘴八舌替他求情，希望教授先回去，他们再继续喝　会儿，畅聊一会儿。教授很有修养地笑了一下，话很轻但却不容置疑："我知道他的酒量，差不多了，该回去了，别在那儿想了，走吧！"

儿子有些尴尬，无奈地笑了笑，然后低着头和妈妈一起离开了。

这个儿子虽然已过而立之年，不再是孩子，但他的这种没有独立自主的人格却一定是在孩子时期形成的，始作俑者就是他的母亲，那位有着很好修养的教授。在此基础上，可以猜想得出，那个听话的儿子，过了而立之年，还有着一份不错的工作，却没有结婚，甚至没有女朋友，是十分正常的事，毕竟，妈妈不愿意让儿子独立，儿子只能永远做小男孩，谁愿意和一个"小男孩"结婚呢？

动物要学会自己觅食才能在地球上生存下去，孩子要经历自己独自处事才能长大成人。面对生活在一切被给予的时代的孩子，我们的责任绝不仅仅是如何保护孩子不受伤害，而是要教给他们认识世界、应对各种困境的方法。教育的目标就应该是把孩子培养成能够自食其力、独立生存于社会的人，不是吗？

▶ 走向独立是儿童成人的必经过程

英国的心理学博士西尔维娅·克莱尔说："这个世界上所有的爱都以聚合为最终目的，只有一种爱以分离为目的，那就是父母对孩子的爱。父母真正成功的爱，就是让孩子尽早作为一个独立的个体从你的生命中分离出去，这种分离越早，你就越成功。"

实际上，婴儿呱呱坠地，标志着脱离母体的解放，随后的生理上的断乳，便与母亲身体的联系切断了。但是在心理方面，孩子与父母仍然联为一体。这个时期的孩子需要父母与其他成人的保护，他会表现出对成人较大的依赖性。但是随着年龄的增长，他总在尝试从依赖于父母的心理关系中独立出来，成为一个独立的社会人，这时孩子就必须进行心理上的"断乳"。

心理学家将这一时期称之为儿童的"心理断乳期"。实际上这也是孩子脱离父母的监护，成为独立人的必经过程。如果成人总是事事帮孩子拿主意，虽然能保证孩子的成长万无一失，但却会让孩子失去独立性。而孩子一旦让依赖变成习惯，那就再也戒不掉了。如果想让孩子有一个好的未来，就应该把孩子分离出去，让他早一点具备独立的能力。

这一点，无论是在西方社会，还是在东方社会都得到了儿童教育专家和广大父母们的共识，也都有很具体的体现。例如，在德国，孩子一岁左右的时候开始学走路，摇摇晃晃很笨拙，很容易跌倒，跌倒后再爬起来，再跌倒了再爬起来，大人在旁不管，而孩子似乎已经习惯了，很少有赖在地上不起来，甚至大哭大闹的现象发生。在美国，孩子上了学之后，如果需要钱买东西，解决的办法很简单，就是自己去挣。绝大多数的美国父母是不会无偿给孩子钱的，因此，在寒冷冬天的早晨，常常可以见到孩子们挨家挨户送报纸的身影。

孩子的未来总要靠他自己去开创，放手让孩子勤于实践、经常锻炼，才能让孩子尽早适应将来的独立生活。

孩子缺乏独立性，问题出在哪儿？

让我们先来看下面这段发生在一次夏令营活动中的小插曲：

一个参加夏令营的二年级的孩子拿着一个煮熟的鸡蛋却不吃。工作人员过来问："小朋友，你不爱吃鸡蛋吗？"

"爱吃。"女孩低声回答。

"那为什么不吃呢？"

"我不知道怎么把鸡蛋的壳去掉。"女孩面有难色。

工作人员感到不可理解，于是又问小女孩旁边的几个孩子："你们知道鸡蛋是从哪儿来的吗？"

"知道，妈妈爸爸买来的。"孩子们一起回答。

工作人员一脸愕然。

一个已经上了二年级的孩子居然不知道如何去掉鸡蛋壳，这确实有些说过不去。虽然还不能说这样的事具有最广泛性，但在一定程度上确实也道出了我国孩子在独立能力方面有一定的欠缺。

曾经有研究机构在我国四大城市（北京、上海、广州、重庆）进行过有关幼儿独立性的调查，结果同样令人堪忧。研究人员以随机抽样的方式调查了 4464 名 3—7 岁的孩子父母，调查的结果令人担忧：在这四大城市的孩子中，3岁会自己穿衣服的比例为25%，6岁会自己穿衣服的比例为45%。而不愿自己穿衣服的比例，却从三岁的21%下降到六岁的11%。

但实际上，孩子在2岁左右就应该拥有自己穿衣服的愿望和能力，到3岁就可以独立穿衣服了。然而从调查结果上来看，在3岁能做到这一点的孩子，只有1/4，甚至还有超过半数的孩子到6岁了依然没有掌握穿衣的技能。而孩子追求独立的意愿更是不升反降。

那么，问题出在哪儿呢？

▶ 太多的错误，以爱为名

如果满分是100分，那么现在的很多育人者肯定会朝着满分努力、前进，甚至还希望创造101分的纪录。可我们100分的付出，在孩子身上能收到100分的效果吗？

并不能。爱很重要，但却无法保证孩子会出现良好的行为。

心理学家认为：个体在生理上或心理上有某种需要，这种需要的内驱力——动机，由此推动个体产生为满足其需要的一系列行为。但是，如果成人从各个方面已全部满足了孩子的需要，这样便抑制了他活动的内动力，大大降低了他对外界事物的兴趣和好奇心，并削弱了探索外界事物的主动性、积极性和意志力。

同时，这也会限制孩子智力和心理活动的发展。因为人的智力是在社会活动中发展的，如果孩子缺少独立去探索的机会，也就丧失了去努力发展和表现自己的智力的机会。更糟的是，由于很少有需要自己动脑、动手的情境，这样的孩子进入社会中常表现出软弱、退让和懒惰，不能独立完成作业，不愿动脑筋想问题。

此外，还有最重要的一点是，还会影响孩了的社会性。孩了的社会化过程即孩子的心理成熟过程。孩子的社会性是在其活动中逐渐形成的。幼儿离开成人进入伙伴世界，但伙伴关系和亲子关系不同。亲子关系是保护与被保护的关系，而伙伴关系则是要求友情、信赖、协调的关系。幼儿为了在伙伴中保持良好的关系，就得学会某些必要的品质，发展自我意识、自我评价、自我控制的能力，并发展独立性，在心理上体验到自己是社会的一员，进而主动适应社会并承担自己的义务。受到过分呵护的孩子，人际交往局限于家庭（独生子女没有同胞，接触面会更狭窄），不能从广泛的交往中体验他人的情感、意识以及价值观念，等等，进入社会（幼儿园或学校）后，不知道与人交往的手段和方法，从而形成孤僻、依赖、抑郁的性格，甚至产生严重的社会行为问题。

不信看看我们周围、我们自身，给孩子盛饭、喂饭，全然没想到养成了小家伙懒得动手甚至懒得咀嚼的习惯；因为大人过于细心，孩子也因此稍不如意就撇起嘴来哭；因为事事替孩子考虑好了，孩子一遇事就会指望大人；因为大人从小就是孩子最亲密的玩伴，孩子慢慢变得自私、胆小、霸道，也不合群……如此看来，我们尽心尽力的爱事实上完全是个错误。

其实中国早就有句古训："抱大的孩子走不好路。"爱对于孩子来说，应该就像肥料之于花朵，太少了不行，多了也不行。如果你真的爱孩子，真的希望他能有一个美好的未来，那么就请你在该放手的时候，放开你的手，这将使他们受益终身。

▶▶ 孩子不是你想象中那么无能

在各个学校的门前，你或许看到过一家几口送一个孩子入学或者接孩子放学，或许也曾经耳闻父母为子女作"陪读"，甚至在大学毕业生就业招聘会上，你或许也看到过有不少的家长会陪着孩子找工作。

在感叹"可怜天下父母心"之余，我们也不得不深思：难道现在的子女什么都需要父母"关心"吗？

其实，不一定是孩子需要，真正让家长们甘心"陪读""陪找工作"的原因，恰恰是他们自己的"担心"——担心孩子没经验，担心孩子受挫折，担心孩子错过机会。而也正是成人的这种"担心"，才使孩子渐渐养成了事事依赖于他人的习惯。

事实上，孩子并非你想象中那么无能，每个孩子天生都是积极的、勇敢的、聪明的，从能睁开眼睛开始，他便用好奇的眼光打量这个新奇的世界。不可否认，在孩子走向独立的过程中，一定会伴随着摔跟头、走弯路，但独立的能力正是在一次次的尝试中得以提高的。

有这样一个故事：

一只母鸡捡到一只鹰蛋，把它带回去和自己的蛋一起孵，小鸡和鹰一起成长，鸡妈妈待它视同己出。一天，一个猎人经过，一眼就看出了那只鹰，虽然那只鹰走路和觅食的神态已经和小鸡差不多了。

猎人对鸡妈妈说："这是一只鹰呀，你应当让它成为真正的鹰！"

鸡妈妈说："它是我的孩子。"

猎人对鹰说："你是一只鹰呀！"

鹰说："你弄错了，我是一只鸡。"

于是猎人把小鹰带到一个小土堆上，把小鹰举高，然后撒手，小鹰扑棱棱落在地上，然后迈开母鸡般四平八稳的步子。

猎人有些失望，但还是把小鹰带到更高的土堆上，把小鹰举高，然后撒手，小鹰扑棱棱又落在地上，还是迈开母鸡般四平八稳的步子。

猎人有些遗憾，但他说："我们再试一次！"于是猎人把小鹰带到悬崖边，对小鹰说："这次就看你的造化了！"说完把小鹰举高，然后撒手，小鹰扑棱棱直掉下去，突然，快要着地时，小鹰奋力地扑闪自己的翅膀，扇动着，扇动着，终于，小鹰飞了起来，像一只真正的鹰！

猎人欣慰地笑了。

事实上，每个孩子都曾经是一只小鹰，如果出于没有必要的瞎担心，而阻止了孩子的种种尝试，久而久之，孩子就会被恐惧和胆怯所缠绕，最后真的变成一只鸡。

其实只要不是危险的和给别人带来伤害时，无论孩子做任何尝试，我们都应该给予他鼓励，并且积极提供机会让孩子大胆尝试。这样，孩子在尝试做事情之后，无论失败还是成功，得到的都是鼓励和支持，那么他会变得自信，而且更会积极地去尝试自己没有做过、做成的事，长大以后，自然也就会成为一个积极勇敢、独立自主的孩子。

▶ 提供帮助，而非全权代理

我们时常会听到家长们的叫苦不迭。这个说孩子在家抢着喂金鱼而把金鱼缸摔碎了；那个又说孩子抢着自己端汤而成"落汤鸡"了；另一个又说孩子抢着自己穿裤子而把裤子穿反了……因此，我们也常常会听到这样的结语：让他们干，还不如替他们干。结果呢？孩子的独立性也就这样丢在了一次次的全权代理上了。

的确，孩子自己抢着做事常会阴错阳差或事倍功半，但我们转念想想，用一些时间和耐心换孩子的独立人格，这笔买卖还是划算的。

所以，对于孩子尝试自己解决的问题，成人不要替他们干。尽管我们自己做结果会更完美，但孩子完成后的自豪和自信则是千金难买的。

当然，毕竟孩子年龄比较小，作为成人，指导的责任和义务也是责无旁贷的，我们要做的是适时的引导，在孩子需要时提供必要的帮助，而非全权代理。就像大人不能代替婴儿学步一样，我们的扶持，只是让他尽快自己走，走得好。

比如，孩子学洗衣服时，可以让他洗污渍较少的。最初要保证孩子能够比较容易地完成任务，再逐渐增加难度，这样才会增加学习自我服务技能的兴趣，而不至于一下子被难倒或再也不听从指挥。

还比如，当天气转冷时，大人要记住给孩子留出额外的时间穿脱鞋子、帽子、手套、外套等。当孩子不会拉衣服上的拉链时，大人不要帮他直接拉上，而应给他提供一些能帮他学会拉拉链的动作。虽然我们替他们扣扣子、拉拉链会使这些事更快做完，但若给孩子时间来练习与掌握这些技能，则可增强他们的自助能力和习惯。

孩子刚开始动手时，也许会经常不小心把事情搞糟，这个时候我们千万不要呵斥孩子，否则就会损伤他们的积极性。而要耐心地把动作解释清楚并做示范，然后再让他练习。

值得注意的是，成人对于孩子的这种帮助，也是需要把握时机的。如果随时准备在孩子一有困难时就提供帮助的做法，往往会剥夺孩子有价值的学习和建立自信心的机会。我们要记住孩子的学习产生于得到结果的过程中。即使结果本身不是特别令人满意，只有当孩子有了错误的经验，才会有机会去寻求真知。尤其是对那些依赖心理过强的孩子来说，我们更应在每个活动中鼓励孩子的自助行为。这样，孩子很快会对支持其独立愿望的环境做出反应。于是更积极地适应环境、适应社会，独立性人格也自然而然建立起来了。

自由越多，孩子越知道做什么

大人口中使用频率最多的词莫过于"听话"二字，他们动辄就会对孩子说："你不需要考虑什么，只要按照我们说的话去做就行了。"听话的孩子固然让大人省了不少心，但孩子呢，却会渐渐失去自主性，成为一个听话的"木偶"——做事缺乏主见，只知道跟着别人后面走，别人让干什么就干什么，让怎么干就怎么干，有问题也不提出来，奴性十足，没有独立性，对问题毫无自己的见解……这样的人，哪里还有人格？

孩子需要自己进行思考，塑造自己。给孩子更多的自由，才能让孩子对世界万物有个全面的感受，才更能促使孩子去体悟人生，当然，更重要的是能使孩子积极地去探寻真理。当一个孩子做到了这些，他就会朝着优秀人才的方向迈进。

所以，请把下面这些东西还给孩子：

▶▶ 不受打扰的房间

其实孩子在3岁左右就开始有自己的小秘密了，而且很在意自己的小秘密。这时，如果条件允许，家长就应该给孩子提供属于他自己的不受打扰的房间，如果没有这个条件，你也可以暂时给他一个抽屉、一个架子或院子的一部分供他使用。这对孩子的学习效率、个性成长和心理健康都非常重要。因为一个人只有在自己自由支配的时间里，没有任何压力，才可以按照自己的想法尽情地展示自己，做自己喜欢做的事。也只有那时，一个人才能体现自己真正的个性。

一个国外的妈妈给我们提供了一个很好的范例：

"如果看到孩子一个人坐在房间里，什么都没做，只是看着窗外的天空发呆，大多数妈妈肯定会认为他不会在想什么重要的事情，而我看到彼得这样，却非常想知道这个孩子到底在想什么？

"但是我没有干涉彼得。其实，不只是彼得，爱丽丝和南希在做完功课后，我也让她们回到自己的房间做自己的事情。彼得经常发一会儿呆后，就开始捣鼓一些组装品，还会掏出书来，在纸上画着什么。爱丽丝和南希则喜欢编织一些东西，有时画画玩。他们有的时候就是呆呆地坐着。但是，不管孩子们做什么我都不会去干涉，只是偶尔我会引导他做一些事情。

"因为我相信在给孩子的自由时间里，孩子们会选择自己奋斗的方向。自由时间越多，孩子越能明白自己应该做什么。而事实也确实如此。例如彼得小时候总喜欢拆东西。上高中时，他在全国科学大会上获得了发明奖，这都是因为我给了他充足的思考时间，让他找到了自己的特长。如果只是一味地督促彼得学习功课，不要浪费时间，恐怕连彼得自己都不会发现自己有那方面的才能吧。"

可见，只有给了孩子适当自由的时间，孩子才能拥有更大的创造性；只有给了孩子适当自由的空间，孩子的个性才能得以自由发展。

不仅如此，对孩子来说，真正需要的，不单是能安心玩耍、安心学习的个人房间，还是一个尽情发泄的隐私空间。日本女演员中村明子女士就说："我很希望自己的房间成为'能哭的地方'，仅仅是在心情不好时，或于己不利时有一个避难的场所。"可以说，大人为孩子设置一个这样的空间，也是保持孩子身心健康的重要条件。

▶ 天马行空的大脑

在孩子想象的中，扫帚既可以当马骑，又可以当冲锋枪，一会儿它变成了雪人的胳膊……可是在成人眼里，扫帚就是扫帚，是用来扫地的。

这就体现出，孩子由于思维中很少受到心理定式的影响，比成年人往往有更多的创造性。

那么什么是心理定式呢？简单地说，就是在思考问题的过程中，用过去形成的经验来衡量新的事物，使人们在认知新的事物时，在主观上有一定的定型。虽说它可以使我们在从事某些活动时相当熟练，甚至达到自动化，节省很多时间和精力。但是却往往会束缚我们的思维，使我们只用常规方法去解决问题，而不求用其他"捷径"，而妨碍问题的解决。

因此，我们应改变"包办"思想，不能把自己的思维强行变成孩子的"思维定式"，自己怎样想，就逼着孩子拥有同样想法。

某电视台举办了这样一个特别节目，他们邀请五位母亲各带着自己只有四五岁的孩子参加一个游戏：导演让她们的孩子把一张撕成几块的地图在最短的时间内拼好，用时最短的孩子将得到一千元的奖励。

谁先去拼由抽签决定，当第一个孩子上场拼接地图的时候，其他的各位母亲都在教自己孩子拼接地图的技巧，什么按线路去拼接啦，按各种不同的颜色去拼接啦……她们都想教给孩子最好的拼接方法，以能在比赛中胜出。

拼接地图似乎并不难，第一个孩子没有花费太多的时间就拼接好了，但让人感到意外的是，其他的四个孩子都花了很长时间才拼接好地图。

在场的所有人都说第一个孩子不简单，但当主持人问这个孩子为什么能这么快拼好地图时，孩子的回答让人大跌眼镜：因为在地图的背面有一个人骑着自行车的图形。

这时人们才恍然大悟，原来，地图背面是一则人们熟知的广告，如果按照广告的图案去拼接地图，那是一件很简单的事。因为其他的孩子都按照妈妈的指示去做，但妈妈根本不知道后面有广告，自然教授的方法要费时得多。

可见，很多时候，成人的方法固然成熟，但它同时也会禁锢孩子的做事思维。把主动权完全交给孩子，他往往就会拿出大人意想不到的做事方法，他的进步也会很快。而且，如果你什么事都给他答案，将来等你不能手把手教他的时候，他自己就无法想出答案了。

因此，我们不仅不能人为地扼杀孩子珍贵而脆弱的想象力，反而应该对孩子进行有意识的引导。比如，讲故事、猜谜语就是激发孩子想象力的重要途径，大人要充分利用这种简单但有效的方式激发出孩子瑰丽的想象力。在美丽的童话和神话中，孩子的想象力得到了最大程度的发挥，那晶莹剔透的水晶宫、那闪闪发光的飞行靴、那日行万里的小红马，还有那力大无比的泰山……都徜徉在孩子无边的梦境中，此时，孩子的想象真的就好像是插上了飞翔的翅膀。

另外，游戏也是提高孩子想象力的一种有效方式，大人可以经常和孩子一起做想象力拓展的游戏，方式很灵活，可以由生活中一件具体的物品来展开，如，可以问孩子喝完饮料的瓶子还能做什么用？可以当棍子用吗？可以养金鱼吗？通过透明的瓶身看东西是变大了，还是变小了？通过这些提问，孩子的想象力可以得到极好的发挥利用。

在大人这些有意识的保护和引导下，孩子的想象力很好地被激发出来，如果每一次的交流沟通都能让孩子的想象力得到很好的发挥，那么习惯成自然，孩子最终会不知不觉地将想象力"赋予"在所从事的事情上，从而让事情有了"生机"。那么，到那时，这就是我们送给孩子一生最珍贵的礼物了。

▶▶ 自由自在的玩耍

如果我们说一个孩子太贪玩，十有八九会被视为不爱学习的表现。所以，为了不让孩子玩，我们给孩子制定了"周密"的学习计划：上特长班、兴趣班、培训班，等等。

其实，不让孩子玩耍才是让孩子停止了学习。因为玩耍，就是自然界赋予孩子们学习并适应环境的方法，一句话，玩耍就是学习。所以，让孩子学习的最好方法，就是要学会用玩耍淡化学习的概念，让孩子快乐玩耍，轻松学习。例如：

玩耍里的数学课

孩子和你一起玩售票员或者售货员游戏的时候，他不仅是在学习怎样与人相处，怎样发挥想象力，体验不同社会角色的感受和情绪，这还是他学习数学的最好机会。比如，你买了2元钱的车票，可以告诉他这样你能到更远的地方，或者你可以坐上有空调的公共汽车。你们也可以给家里的所有东西标价，做售货员和顾客的游戏，这样孩子不仅了解了数字的多和少，也能了解到更大的数字或许可以代表物品更有价值。找零钱还可以让他们学会简单的加减法。这样，这些枯燥的数学知识在玩中就愉快地学会了。

你们也可以一起在跳绳的时候、上台阶的时候数数或者去认识车牌号，孩子们通过这种途径更加了解数字和生活的关系。

玩具里的空间世界

电动汽车在孩子们的操作下穿过茶几，从房间的这头奔驰到那头，小汽车的高度能不能穿过更低的沙发，能不能从那条小窄道上穿过，都是锻炼他的空间感觉。即使孩子在沙发上蹦来蹦去、在床上练习倒立，也都是在发展他的空间能力。

孩子还可能会把不同大小的水杯排列整齐，把他们分别命名为爸爸、妈妈和自己。这种玩法，是在表达他们对真实世界里大小关系的理解。

积木可以帮助孩子建立三维空间感，这是今后他们学习几何、物理甚至到了大学学习建筑、工程的基础。孩子们用积木讲故事的时候，会选择大块的来代表狗熊，用小块的充当兔子，或者让大块的代替爸爸，小一些的表示妈妈，最小的被当作宝宝，这些都表明孩子们对于现实世界中的大小关系有了明确的认识，并且能够通过直观的方式表现出来。通常来讲，男孩比女孩更喜欢积木，他们能够用积木来搭建复杂的结构，比如想象中的碉堡或太空船，这对于激发他们的想象力很有好处。但是女孩的爸爸妈妈也不要因此而担心，因为女儿在这方面的缺失，已经在给洋娃娃穿衣服、看病和做饭的过程中弥补了。

悄悄成长起来的语言家

孩子们很爱"看"书，他们飞快地翻动书页，然后把注意力停留在感兴趣的插图上。别以为他们在装模作样，其实在这个过程中，他们完全可以通过文字和图形的对应，认识一些有特征的文字。到了 4 岁以后，孩子们对于那些听了无数遍的故事，就能够像模像样地"读"了，他们一边翻书，一边凭借记忆，把故事一一对应地讲述出来。这种伪阅读对于今后的真正的阅读非常有帮助，他们会对于故事的起承转合、开场首尾有所感悟，他们可以在和别人分享故事的过程中获得乐趣，他们还会因此和书籍交上朋友。

还有，在玩耍的过程中，孩子们为了能说服小朋友或者父母站在自己的一方，为了能恰当表达自己的想法和创造，也是在努力学习着表达。在游戏的时候，多创造一些情境，和孩子一起讨论怎么玩、该说什么话更合适，他也慢慢学会沟通和表达。

你也可以经常在游戏中让孩子听到一些新的词汇，往往这个时候能够促使孩子们更多地思考，启发孩子们观察周围的世界。慢慢地，他们会更加注意到生活中的细节。学会用更恰当的语言来表达。

玩出来的艺术家

孩子们都喜欢乱写乱画，有时候他们的涂鸦让你很费解，但这并不代表他没有自己的想法，在孩子的眼里，那些线条都是有意义的。四五岁的孩子已经开始会运用颜色表达他们曾经看见或者想象出来的东西，也许是某个人，也许是他们到过的某个地方。所以这些来自内心世界的活动，通过他们不断对世界的观察和思考，通过他们的笔有了一种真实的表达，你能说他不是一个艺术家吗？同时生活中很多东西都可以成为创造的素材，他们可以用沙子、土、毛巾等不同的材料创造艺术作品。

音乐和舞蹈总是让孩子着迷。当他们自然而然用自己的身体和声音表达的时候，也让他们体会到了艺术的感染力，他们会自发地创造出更多的变奏曲。四五岁的孩子一般能够演唱比较长的歌曲了。即使反复唱只有几句的简单歌词，也能够使孩子们尽情享受词语的音调，韵律的美好。

过家家游戏的社交训练

孩子们都喜欢过家家，他们经常把大人之间每天发生的事情搬进他们的游戏，在这个过程中他能更加了解这个世界，也更了解他们自己。在这个过程中，孩子们要选择做一个什么样的游戏，选择其中自己喜欢的角色，把自己转换成这个角色的过程中，他要学会表现这个角色的行为特征，体会这个角色的感受，从而了解真实生活中各种角色。

你也可以和孩子一起玩。比如，和孩子一起玩司机、售票员和乘客游戏，他会了解不同角色的社会分工，你们都是普通的人，但是你们都有着自己的风格和特点。也可以根据书上看到的故事来扮演角色，加入一些想象，实现理想中的一种生活境界。

更多孩子在一起玩耍还可以体验到竞争、赞同对方、赢得胜利等感受。尤其是当孩子们在户外玩耍的时候，很少能像他们在室内游戏时那样得到大人的关注和指导，所以孩子们自己就学会了分享、轮流以及集体游戏的一些潜规则。出现冲突的时候，他们也会尝试自己解决，并且在交涉、胜利和妥协的过程中，学会了处理自己和他人的关系。

美丽的想象在飞

在孩子们的想象中，可能他的娃娃和他一样快乐地生活着，他会哭、会笑，可以吃东西，可以分享他的感受。或许某一天，他自己成了哈利·波特，可以变幻魔法，可以无所不能。

想象是一切创造的源泉，也可以帮助孩子的成长。比如，玩电动飞机和小火车的时候，那种惊人的超速行驶，会让他们突然感到自己很强大，他们觉得自己长大了。

玩拼插玩具也是他们发挥想象力的最好途径。这也是很多四五岁的孩子热衷的事情，他们可能用拼插玩具建造了他们想象中的最完美的游乐场。

想象还可以帮助孩子摆脱某种不良情绪。比如，爷爷奶奶要出门旅行了，他不希望他最喜欢的爷爷离开一个星期，他可能会想象自己也在进行一次小小的旅行，逐渐忘掉了与爷爷奶奶分开的苦恼。

做身体协调的小家伙

孩子到户外又跑又跳，当然是在帮助他们提高身体运动能力，一方面锻炼了他们的肌肉，一方面又练习了他们的身体平衡能力。身体的协调发展是大脑开发的重要过程，同时也让孩子们具有一种运动家的精神，用开阔的心胸和敢于不断挑战自己的态度对待世界。

手眼的协调能力对孩子动手能力的发展非常有帮助。四五岁的孩子可以做一些缝纫工作，特别是女孩子会对此乐此不疲，这是锻炼手眼协调能力的好途径。男孩子可能会更加喜欢玩迷宫游戏。从迷宫的入口走到出口，可以促进孩子的空间推理能力，促使他们细心观察图形和细小的差异，还锻炼孩子们的手眼协调能力。

总之，让"学习"变得"好好玩"，孩子就可以在轻松愉快的环境中获得正确的学习方法和技巧，也能懂得成长的真谛和做人的道理。

▶ 大胆尝试的机会

孩子对未知的事物怀有强烈的好奇心，他们想去探索，想去尝试，对此，大人一定要大胆放手，并适当鼓励孩子去接触、去尝试、去体验陌生的事物，给孩子创造磨砺胆量的机会，孩子才能真正成长、成熟起来。

所以，当孩子全神贯注地看灶台上的火并希望触摸时，当他用小手去摸仙人掌时，当他往地上丢玻璃杯时，在保证安全和不妨碍其他人的情况下，不妨让孩子尝试一下。尝试过后，孩子就会知道原来红红的火会烫手，尖尖的仙人掌会扎手，玻璃杯落在地上会破碎。想想看，如果大人不给孩子这些"冒险"的机会，孩子可能需要花更多的时间来了解这些事情，而且极有可能代价会大得多，更为重要的是如果大人总是抓住孩子的手不放，把孩子"拴"在身边，长此以往，由于缺乏锻炼，勇敢的孩子也容易变得胆怯、内向，失去创新精神。这对于孩子的人格成长，也是极为不利的。

因此，我们不但不能做帮孩子处理事情的"搭救者"，反而应该加强对孩子冒险精神的培养和引导：

一般来说，要根据孩子的不同阶段，采取不同的措施激活孩子的冒险精神，如对 3 岁左右的孩子，要鼓励他识路，可在交通情况不复杂的情况下，让孩子独自一人去指定的地方。大人可采取尾随的方式，以确保孩子的安全。五六岁时，可鼓励孩子玩滑板、学游泳、学骑自行车，玩一些冒险的游戏，等等。在这些有冒险性质的活动中，孩子的冒险精神会一点一点儿被激发出来。

当然，如果孩子的冒险行为总是以失败而告终，就会大大打消其探索积极性。比如，孩子将各种玩具拆开，却再也组装不好。对孩子的这类"冒险"行为，大人要引导孩子如何"冒险"才有收获，比如教孩子组装的技巧、讲解组装的原理，等等，孩子会在这个过程中学到知识和提高动手能力。当然，也别忘了从安全的角度和商品的使用价值方面告诉孩子，不要轻易进行破坏性探索。

平时，大人还要教育孩子，在开始做一件事情时，不要把注意力放在所面临的全部事务上，要想一想第一步该怎样走，第一步完成后，第二步又该如何走，这样一步一步走下去，直至达成目标，即把大的目标分成几个小的目标来做，降低事情的难度，增大成功几率，冒险也要遵循这样的规律来。

这样的教育会让孩子懂得做任何事都要讲究方式方法，如果孩子能把这个做事的规律应用在他的"冒险事业"上，相信他的冒险能力一定会得到很大的提高。

总之，不要怕孩子摔跤，摔跤之后爬起来再跑的孩子的脚步会更稳健，也不要过分担心孩子禁受不住风霜的洗礼，"阳光总在风雨后，请相信有彩虹"，让孩子在"安全的冒险"中接受风霜洗礼，这样，孩子才会真正地成熟和坚强起来。

▶ 生活安排的管家

在现代家庭，"管家"这个称呼最适宜用在家庭主妇身上，你看，买米买菜、接送孩子上下学、辅导孩子学习、开家长会，还要照顾家庭成员的生活起居，莫不是很多妈妈们的事。

可能会有很多妈妈对此感到很自豪，认为自己把家收拾得干净整洁，孩子训导得乖巧听话，家庭成员生活调配得井井有条，自己是最大的功臣。

确实，妈妈们为家庭付出了很多，也取得了有目共睹的成绩，但是在孩子教育方面，她们却无意识地犯了一个"大错"。

德国心理学家海查曾经做过一个实验：将2—5岁有强烈自己主见且有自我管理能力的100个儿童与没有这种倾向的100个儿童，做了长期的跟踪调查。结果发现，在强烈有自己主见且有很好自控力的儿童中，长大后有84%的人有果断的判断力和坚强的意志力，而在缺乏自己主见和自我管理能力的孩子中，真正称得上有意志力和判断力的，只占24%。

可见，大人在过多代替孩子做事、强调孩子听话的同时，也间接弱化了孩子的判断力、意志力，以及自我管理能力。

其实，孩子很小的时候，确实需要大人的照顾，但是这样的照顾应该仅限于一些基本的生活需要，比如吃饭、玩耍、休息、睡觉等，随着逐渐长大，孩子的自我意识越来越强烈，这时，大人就要有意识地减少这样的帮忙照顾。尤其是当孩子有强烈的自我安排的意愿时，大人不妨只做参与者，不做决策者，看着孩子安排，如果他的安排比较合适，那就顺从他的意愿，然后逐渐将我们的手放开，让他占据他自己生活的主动权，当好自己生活的"管家"。

举例来说，对零花钱的利用安排上，如果孩子有一定的安排处理能力，而且有自己的花钱计划，那么大人就没有必要非要告诉孩子每一角钱该怎样花，由他去安排处理好了。

再比如对人际交往的处理上，如果孩子有一定的辨别和选择能力，大人就没有必要替孩子选定朋友。该交什么样的朋友，该交哪个朋友，由孩子自己选择好了，毕竟需要怎样的朋友取决于他自己的需要，而不是我们的需要。大人要给予孩子充分的信任，允许他们按照自己的意愿去安排。

当然，大人的放手是有限度的，也就是说允许孩子自己安排自己的生活是有限定条件的，不是为所欲为，想怎样做就怎样做的，大人要规定一些基本的原则，比如在使用零钱方面，需要遵循不铺张浪费、不乱花钱的原则；在交友方面，要选择那些有良好道德修养的人做朋友，远离那些品质败坏的人；在时间的安排上，在遵守大家作息习惯的基础上，可以合理安排自己的作息时间，但也要注意保证自己的必要休息时间。

孩子毕竟还小，难免对一些问题考虑不周全，所以大人放手让孩子当自己"管家"绝不是意味着完全撒手不管，如果事关重大，或者孩子还比较小，其安排处理能力还不足以让人放心，大人一定要稍多用心，多问问情况，比如孩子有一笔相对较多的零花钱，孩子准备怎么用、怎么安排，需要大致了解一下，以免造成大的过失。

如果对于孩子的安排感到不合适，可以建议或者发表一下自己的意见，但是，一定要注意不要干涉过多，不要直接否定，更不要强迫孩子接受大人的建议，那样的话，就谈不上培养孩子的独立性了。

看似无情的也许反而最深情

有一位华人女性在美国找了一份家庭保姆的工作，帮一位美国母亲照顾孩子。有一天，孩子在家里不小心绊倒了，坐在地上哇哇大哭。看此，这位保姆赶快起身要去扶孩子，但美国母亲却阻止了她。

保姆对美国母亲说："孩子哭成这样子，你都不管他吗？你太残忍了。"美国母亲却批评这位保姆说："残忍的是你。"保姆说："这么小的孩子跌倒了，而且哭得这么厉害，亲生母亲不去扶他，也不让我去扶，你才残忍。"美国母亲说："孩子跌倒了，他自己完全可以爬起来。爬起来，他就成功了一次，你连这样的锻炼机会都不给他，如何让他面对将来激烈的竞争？你才是真正的残忍。"

从当时情况来看，美国母亲是"残忍"了一些，孩子摔倒了都不管。但从孩子的长远发展来看，美国母亲给孩子的才是最好的爱。事无巨细的照顾会让孩子变得无能，看似无情的磨炼才能让孩子变得优秀。

▶▶ 让孩子为自己的错误买单

我们都知道，责任感是人格的重要组成部分，是一种高尚的道德情感，是人们对自己的言行带来的社会价值进行自我判断后产生的情感体验，标志着一个人在道德上所能达到的成熟程度。

但对于孩子来说，习惯性推卸责任是孩子最常犯的错误之一。

7 岁的哥哥和 6 岁的弟弟在客厅里争抢一件玩具，不小心把客厅里的鱼缸碰倒了，水洒了一地。妈妈急忙从屋里跑了出来。哥哥见妈妈出来了，急忙说道："是弟弟碰倒的鱼缸。"

弟弟听哥哥这么一说，急忙补充道："这个鱼缸不经碰，我碰了一下，哥哥也碰了一下，它就掉地上摔碎了。"

类似的对话，相信我们也听到过不少。孩子这种不负责任的做法通常是习惯性的，他们也会为此感到内心不安，但是如果这个时候，大人没有及时地让孩子意识到自己的错误和承担一定的责任，那么，孩子就会对这种推卸责任的行为感到坦然，久而久之，就会形成不负责任的性格特征。

也许有些成人会对此不以为然："小孩子你让他承担什么责任？"这种想法是不对的。首先，责任心和责任感的培养不是一朝一夕的事，而是一个逐步发展的长期过程，如果从小不培养孩子的责任心和责任感，等长大了再去培养、建立，显然为时已晚。其次，孩子一样需要责任心和责任感，没有责任心和责任感的孩子自私、冷血、无情，不懂得分享，没有哪个人愿意与这样的人成为好朋友。

因此，作为成人，我们自己首先要意识到不要再成为孩子犯错的挡箭牌。孩子绊倒了，大人教孩子骂"凳子坏坏"；吃饭时，孩子把桌上的碗碰翻了，大人忙怪自己没放好；孩子测试成绩不理想，大人也往往会以马虎作为孩子错题的借口……这些我们不经意间的举动都是促成孩子不负责恶习的帮凶。

其实从孩子呱呱坠地那天起，他就是一个独立的人了。如果孩子犯了错，就应该让他自己主动去道歉，让他明白对自己做的事要负责。

美国前总统里根小时候的故事，很多人都听过：

里根 11 岁的时候，有一天，他在家门前的空地上踢足球，不小心踢碎了邻居家新装的玻璃窗，邻居愤怒地向他索赔 12.5 美元。这对于一个每天只有几美分零花钱的小男孩来说，实在是想也不敢想的天文数字。

闯了祸的里根只好向父亲认错，他希望父亲替他担负起这份他无论如何也担不起的责任。没想到，一直宠爱他的父亲却要他对自己的过失负责。父亲拿出了 12.5 美元，严肃地对儿子说："这笔钱我可以先借给你，但一年后你必须要还我。因为承担自己的过错是一个人的责任，是责任你就不能选择逃避。"

在随后的半年时间里，为偿还父亲借给他的 12.5 美元，里根开始了艰苦的打工生活。他擦皮鞋，送报纸，打零工，终于挣够了 12.5 美元，并把它还给了父亲。

让孩子对自己的错误负责能帮助孩子快速成长，更是将责任心种在了他的心里。里根父亲的"狠心"就是为了让孩子懂得：犯了错误，就应该勇于承担后果，不逃避，不推卸责任。

大人要始终把孩子当作一个"独立"的人来看待，这对培养他们责任感意识十分有必要。平日里，大人要让孩子做些力所能及的事情，为家庭、为集体、为社会尽到一份责任，比如帮大人提东西、打扫班级卫生、帮助邻居照顾小弟弟小妹妹、帮助孤寡老人做事，等等。这样的活动会激发出孩子自我存在的社会价值感，并进而增强他们的社会责任感。同时，对孩子尽责的行为，大人要及时予以肯定和赞扬。

总之，"不积跬步，无以至千里，不积小流，无以成江河"，从小懂得了负责任，长大后自然也会懂得负责任，这样就能在人生之路上走得稳健，并能有所作为。

▶ 孩子的自律是怎样炼成的

曾经有心理学家进行过这样一项规模宏大的调查研究活动：受试者为新西兰当地的 1000 名儿童。实验者从这 1000 名儿童出生时开始，对他们的自制力及其生活质量进行追踪调查，这项调查一直延续到被试满 32 岁为止。为确保数据的可靠性，实验者除了收集受试者的资料，还广泛征取了孩子的父母、教师的观察和报告，以此来评定这些受试者的自制力水平。与此同时，实验者还注意考察他们在其他方面的表现，比如说，健良状况、经济状况、家庭状况等。

那么，32 年之后发生了什么？

自制力差的这些孩子，长大后健康状况更差，经济状况更差，工资相对更低，家庭生活不幸福，进监狱的可能性也更大。比如说：他们患肥胖、传染性病症、牙科疾病等的概率更高。这是因为自制力差的人往往不愿意健康饮食，也很少坚持每天刷牙，注意口腔清洁。此外，这部分人中还有不少存在着抽烟、酗酒、吸毒等问题；经济收入也较低，他们拥有的存款较少，拥有的房产和养老金的比率也相对较低；在家庭状况方面也往往不尽如人意，他们很难维持一段长期稳定的婚姻关系，有不少成了单亲父母；更严重的是，他们的犯罪率也较高，数据显示自制力最差的一组和自制力最强的那组，犯罪率分别为 40% 和 12%。

从这个角度来看，人格教育的一个重要目标就是让孩子发展起自律和自控能力。当孩子发展起自控能力以后，他们就能控制冲动，学会等待并能延期行为，忍受挫折，延迟满足，开始尝试制订计划并执行计划……虽然我们看不见、摸不着，但自控力时时处处都在影响孩子的成长和发展。

其实，由于孩子的中枢神经系统尚未发育完善，自律能力弱很正常。但对孩子自律能力的培养和发展却绝不能松懈，因为，无论是儿童还是成年人，其实都是可以通过学习来加强他们的自我控制能力的。

（1）发挥"规定"的作用。

很多时候，孩子还不能判断和评价自己行为的适宜度，此时可发挥"规定"的作用，即规定孩子能这样做，不能那样做。刚开始，孩子可能不理解为什么要这样做，而不能那样做，但会按照规定去做，久而久之，习惯成自然。随着孩子年龄的增长，稍大一些后，孩子自然会明白能这样做，不能那样做的意义。在这个过程中，一定要注意：规矩一旦定下来就不要轻易变动，当孩子不遵守规定行事时，要及时提醒孩子遵守。

（2）允许孩子犯一些小错误。

一个人从无律到自律是需要一个过程的，而不是一蹴而就，而且在这个过程中，孩子常会犯一些错误，对此，大人要抱有宽容的态度，允许孩子犯一些小错误。在不断修正小错误的基础上，当行为逐渐变成一种习惯时，孩子的自制力就会自然而然地形成了。

（3）对已经形成的自制力进行奖励。

当发现孩子已经形成了很好的自制力，大人一定要及时给予鼓励和奖励，这是孩子能坚持保持自制力的动力之一。精神上的鼓励可以说："嗯，很不错，坚持下去，一定会更好的。"物质上的奖励要注意适度，不可过于频繁。

（4）经常进行一些心理训练。

严格来说，自律能力就属于心理素质。借助日常一些小事进行一些抗诱惑的训练，孩子的道德水准，意志品质和自控能力都会有明显增强。例如，有一位母亲就是这样来训练孩子的。她每天接着孩子都要经过一个果园，面对果园里面举手可摘的葡萄，孩子想摘下一串，但母亲不为所动，并晓之利害。有一天，母亲故意隐蔽暗处，想考验一下孩子一个人时候的反应，可孩子经过此地，仍如从前一样不为所诱。

再比如，绝大多数孩子都爱玩游戏，也可以利用这一特点培养孩子的自律，如在玩侦察兵游戏时，要让孩子保持某一姿势不能动，受轻伤了不能哭，等等。

▶ 家务中藏着受益终身的"财富"

尽管现代社会我们越来越依靠智力而不是体力，但脑力永远不会完全替代肢体劳动，劳动仍是立足社会的基础。如果孩子从小缺少劳动这一课，将来就很难成长为一个有自我服务能力、有为他人服务思想的社会人。而对孩子来说，劳动意识和能力的培养是从干家务开始的。

事实上，哈佛大学曾经做过一项调查研究也印证了这一观点：爱干家务的孩子和不爱干家务的孩子，成年之后的就业率为15：1，犯罪率是1：10。爱干家务的孩子，离婚率低，心理疾病患病率也低。

因此，望子成龙的父母就应该为孩子从小创造一种环境和条件，对孩子进行早期劳动训练，让孩子生成一双勤劳手，使其终身受益。

为了更好地帮助孩子，父母还应该注意以下几点：

第一，给孩子安排的家务劳动要符合孩子的年龄特点。

不同年龄的孩子可以做哪些家务劳动？一份网上流传的"美国孩子的家务清单"或许我们可以借鉴一下：

9—24个月：可以给孩子一些简单易行的指示，比如让宝宝自己把脏的尿布扔到垃圾箱里。

2—3岁：可以在家长的指示下把垃圾扔进垃圾箱，或当家长请求帮助时帮忙拿取东西；帮妈妈把衣服挂上衣架；使用马桶；刷牙；浇花（父母给孩子适量的水）；晚上睡前整理自己的玩具。

3—4岁：更好地使用马桶；洗手；更仔细地刷牙；认真地浇花；收拾自己的玩具；喂宠物；到大门口取回地上的报纸；睡前帮妈妈铺床，如拿枕头、被子等；饭后自己把盘碗放到厨房水池里；帮助妈妈把叠好的干净衣服放回衣柜；把自己的脏衣服放到装脏衣服的篮子里。

4—5岁：不仅要熟练掌握前几个阶段要求的家务，并能独立到信箱里取回信件；自己铺床；准备餐桌（从帮家长拿刀叉开始，慢慢让孩子帮忙摆盘子）；饭后把脏的餐具放回厨房；把洗好烘干的衣服叠好放回衣柜（教给孩子如何正确叠不同的衣服）；自己准备第二天要穿的衣服。

5—6岁：不仅要熟练掌握前几个阶段要求的家务，并能帮忙擦桌子；铺床／换床单（从帮妈妈把脏床单拿走，并拿来干净的床单开始）；自己准备第二天去幼儿园要用的书包和要穿的鞋（以及各种第二天上学用的东西）；收拾房间（会把乱放的东西捡起来并放回原处）。

6—7岁：不仅要熟练掌握前几个阶段要求的家务，并能在父母的帮助下洗碗盘，能独立打扫自己的房间。

7—12岁：不仅要熟练掌握前几个阶段要求的家务，并能做简单的饭；帮忙洗车；吸地擦地；清理洗手间、厕所；扫树叶，扫雪；会用洗衣机和烘干机；把垃圾箱搬到门口街上（有垃圾车来收）。

13岁以上：不仅要熟练掌握前几个阶段要求的家务，并能换灯泡；换吸尘器里的垃圾袋；擦玻璃（里外两面）；清理冰箱；清理炉台和烤箱；做饭；列出要买的东西的清单；洗衣服（全过程，包括洗衣、烘干衣物、叠衣以及放回衣柜）；修理草坪。

可以借鉴，绝不能照搬，你可以根据自己的家庭情况和孩子本身的特点来合理安排。

第二，放弃完美主义，不要用成年人的标准来要求孩子。

对父母来说，刚开始时与其说是让孩子帮忙做家务，还不如说是给自己增加负担。他们不仅会做得慢，而且时常做得不尽如人意，常常需要我们花费大量时间为孩子"善后"，所以，很多父母干脆不让孩子参与劳动。

这种观念是非常错误的。其实父母应该换位思考一下，孩子的年纪太小，力量弱、生活经验也少，在做家务劳动的过程中，出现一些疏漏是在所难免的。若是用成年人的标准去要求孩子，显然是不合理的。

实际上，对于孩子来说，积极地参与比起结果来说更为重要。不要嫌弃孩子洗的袜子不够干净，擦的桌子不够亮，光是孩子的这种勇于参与的精神，父母就应该给了他们充分的肯定。批评会挫败孩子的自尊，更会降低他与人合作的意愿。如果某项工作要求每次都必须完成得尽善尽美，那这绝对不是一项适合孩子去做的工作。

第三，让孩子养成做家务的习惯，还需要一些手段。

尽管一开始孩子们会觉得做一些家务劳动是件有趣的事情，但想让孩子养成良好的习惯却非易事。你还需要"耍一些手段"，比如：

表扬和奖励会对孩子养成良好的习惯带来极大的帮助。你可以给孩子制定一个合理的计划：把他所要完成的任务的每一步骤绘制一张图表，每当他顺利完成其中的一个步骤，就奖励他一颗小红星。当他顺利地完成整件任务，奖励他一件他所希望得到的合理的奖励。注意，不要用金钱和物质奖励。

再比如，不断地变换任务内容。对孩子来说，重复做某件事就会让他感到乏味。所以应该不断地给孩子变换任务内容。尤其是给孩子分派一些他不喜欢做的家务（如收拾房间、拖地等）之后，也需要让孩子有机会做些他感兴趣的事，像做上一顿饭啦，计划一次家庭野餐啦，或到超级市场买些东西啦，等等。一位美国的母亲说："孩子满五周岁时，我们就开始按上面说的办，你实在想象不到五岁的孩子居然能做出那么精美的饭菜来。"

总之，父母应该以鼓励为主，并且教孩子如何进行家务劳动，这对于培养孩子的劳动习惯和劳动能力十分重要。

▶ 被追债的滋味，先尝后不尝

2016年，某在校大学生因债务缠身无力偿还而跳楼自杀，以及大学生裸贷事件曝光之后，让很多成人现在就开始对儿童的未来忧心忡忡。

其实，如果孩子在很小的时候就养成了良好的信用借贷习惯，在借钱之前他就会反复考虑："为了借到这个东西，我使自己背上还债的负担，值得吗？"那么，长大后就能从容地应对这个到处是信用消费的社会，他在人生道路上就会尽早地获得经济上的独立。

那么，如何才能让孩子现在就养成良好的信贷习惯呢？最好的方法就是让他现在就体会一把被债主追着讨账的滋味。

比如，当孩子想买一些意义不大的东西时，你可以引导他向你借钱（当然，如果孩子主动向你借钱，就更应该坦然地做他的"债主"了），并和他签订一份正规的借贷合同，然后把钱借给他。

这里有两点需要注意，一是给孩子的最高借贷额不应超过两个月的零花钱，如果你每个月给孩子30元为零用钱，那么给他的最高借贷额就是60元；二是还款期限应以两个月为宜，如果把还款时间拉得太长，很可能影响孩子的生活和学习。

之后，我们就进入了可以说是整个借贷过程中最重要的步骤，那就是让孩子必须归还借款，而且在规定的时间内归还。所以，当你向他收取欠款时，不要接受任何不还钱的借口，不应该让孩子养成拖欠甚至抵赖的坏习惯，否则，他就不会深刻认识借贷是一项严肃的责任，如果大人妥协，一切都失去了意义。

在孩子"负债"的过程中，他一定会体验到借钱买东西，然后花上几个月还债的感受；他会明白债务是一种严肃的责任，他会知道不得不为自己早已失去兴趣的东西而还债是什么滋味。而且，他为了按期还钱，一定不得不放弃本想购买的东西，这种感觉会让他觉得痛苦。但恰恰因为如此，以后他再想借钱买一些意义不大的东西时就会更加谨慎了。

同时，作为孩子人生路上的引导者，我们需要把"延后享受"的理念传递给他。所谓延后享受，就是指延期满足自己的欲望，以追求自己未来更大的回报。关于这一点，不妨学学犹太人的教子方法。他们会告诉孩子："如果你喜欢玩，就需要你去赚取所需要的自由时间，这需要良好的教育和学业成绩。然后你可以找到很好的工作，赚到很多钱，等赚到钱以后，你可以玩更长的时间，玩更昂贵的玩具。如果你搞错了顺序，整个系统就不会正常工作，你就只能玩很短的时间，最后的结果是你拥有一些最终会坏掉的便宜玩具，然后你一辈子就得更努力地工作，没有玩具，没有快乐。"

那么，在日常生活中，我们就可以这样做：比如面对一定要买某个玩具的孩子，可以鼓励他将零花钱攒起来再买，在攒钱的过程中，别忘记对达到某一里程碑的孩子——比如攒了 10 元后——给予鼓励，让孩子享受攒钱的过程，还能让他延期购买。这一习惯的养成，也可以很大程度上避免孩子将来掉到信用消费的陷阱里而不能自拔。

▶▶ 让孩子了解世界的真实面目

现在很多家庭对孩子的教育，其实都是一种"瞒和骗的教育"——不让孩子了解社会的复杂性，更舍不得让孩子到外面去经历风雨。但习惯了平和、安逸的孩子有朝一日独立面对外面残酷的世界，就如同鱼缸里的鱼，没有机会游向大海，有一天真的见到大海时，他们也会产生不安和恐惧，不知道该如何面对。

早一点让孩子了解世界的真实面目，而不是向孩子描绘一个理想的社会，虽然可能会有一些负能量，但那就是现实的一部分，真正的人生是无法回避的。与其让孩子将来感到惊慌，不如现在提醒给孩子，这对孩子将来适应社会、适应环境及与人打交道方面，都有好处。

正如著名亲子关系心理专家胡慎之所说，"不一味地跟孩子说美好的事物，因为社会很多元。实际上我们以前做过一个调查，大多数的家长都觉得有必要告诉孩子们一些现实情况，这也是给他们将来面对挫折之前打了预防针。"

当然，让孩子了解世界的真实面目不是目的，我们是希望在这个过程中提高孩子辨别善恶的能力，最终让孩子学会自己保护自己。

从方法上来说，我们可以在文化艺术的学习中引导提高孩子辨别善恶的能力。在孩子对一些文艺作品欣赏的过程中，成人要适当给孩子以辅导，让孩子了解内容的背景，抓住作品的精神实质，而不要错误地去理解内容。如《历史的天空》这部电视剧，说的是在抗日战争和解放战争的过程中，梁大牙从一个伙计到将军的英雄故事，是一部有一定教育意义的电视剧。但是有些孩子只是看到梁大牙鲜明的叛逆性格，竟把梁大牙的叛逆用到自己生活中去。这个事例告诉我们，孩子在欣赏文艺作品的过程中，大人对孩子看什么，怎样看，应该进行指导，这是有多么的重要。孩子在观看影视、阅读文艺作品后，大人要和他们平等交谈，在交谈中帮孩子分析这些文艺作品的思想性，使孩子正确认识这些文艺作品的主题，引导孩子学习正面人物的好品德，对反面人物产生憎恶感。这样，孩子就会从文化艺术的学习中提高自己辨别善恶的能力。

也可以在生活的小事上提高孩子辨别善恶的能力。其实，生活的一些小事最能锻炼孩子辨别善恶的能力。因为孩子能接触社会中众多的人和事，实践的内容十分丰富，有很多增强孩子善恶观念的资源。例如在社会活动中，孩子为大家做好事了，老师和父母就会表扬他；如果发现孩子不讲社会公德，父母和老师就会立即制止，并且还批评孩子的不对……这样，孩子在社会实践的过程中，会渐渐地明白社会崇尚的是什么，孩子辨别善恶的能力不仅会提高，而且会身体力行。

当然，利用孩子的模仿本能，用榜样的作用也能激发孩子辨别善恶的能力。在孩子的心目中树立几个英雄的形象，孩子就会以这些英雄人物为楷模。这是育人者最生动、最实在的教育手段之一。榜样是学习、生活各方面的优秀典型。孩子在学习和生活中总是喜欢拿自己与优秀的人相比，希望自己能够像优秀的人一样。大人可以抓住孩子的这种崇拜心理，帮孩子选择一个嫉恶如仇的榜样，让孩子运用榜样来激励自己，从而提高孩子辨别善恶的能力。

第五章

培养孩子的情操从培养情商开始
——情商是孩子人格状态和品质的投影

我把人在控制自我情感上的软弱无力称为奴役。因为一个人为情感所支配，行为便没有自主之权，而受命运的宰割。

——哈佛经济学教授詹纳斯·科尔耐

高情商是美好人格的基础

智商是用以表示智力水平的工具，反映了一个人智力水平的高低。而情商则是表示认识、控制和调节自身情感的能力，它反映的是情感品质的差异。二者都是人的重要的心理品质，但相比而言，情商比智商更重要。

▶▶ 情商高低决定孩子的未来

关于情商，其实至今也没有一个准确的定义，但是，却丝毫不会减弱它积极改善人类生活品质的价值。正如人类本质上具备的很多美德，如善良、同情心、智慧等一样，情商也正是这些品质运用的结果。

对孩子来讲，良好的情商可以增强他的社会交往力，让他性格开朗活泼，对他人富有同情心，进而增强人格魅力；也会增强他的心理免疫力，让他能够从容应对学习和生活中遇到的多种挑战，即使困难重重，步履维艰，他也会用快乐的心态和坚强的意志去克服困难，进而创造美好的人生。

在一篇名为《一个智商低的孩子》中，美国作家奥斯勒就以一个母亲的语调讲述了这样一个故事：

"虽然杰克不是一个聪明的孩子，可他却是最值得我骄傲的孩子。

"上学时，杰克的成绩很差，尤其是数学成绩，从来就没有及格过，为此老师已经跟我说过很多次了。而杰克也为此经常受到同龄孩子的嘲笑，他们经常在他的背后贴上"傻瓜"或者"蠢人"的字条，杰克只是把字条撕去，从不反抗也不让我知道，直到我在一次偶然中看到——他一直都是默默地承受着。

"我知道他是怕我为他伤心，可是，不管他怎么笨，甚至蠢到这个世界上所有的人都嘲笑他，但是他是我的孩子。

"很多时候，看着他苦恼的表情我总是很无奈，因为我不能直接劝慰他，那样就等于承认了我也认为他确实很笨。我只能总是对着他笑，告诉他你也很棒，只是你和别人不一样罢了。我带着他去老人院做义工，去照顾没有主人的被遗弃的小动物，做这些的时候他总是能做得很好。

"杰克三年级时，不幸的事情发生了——杰克的外公出了车祸。我无法控制自己的痛苦和难过，因此就忽略了杰克的存在，直到葬礼结束了，我才从悲伤中缓过来，开始寻找他。杰克很爱外公，一定也很难过，我要安慰他一下。当我终于发现杰克的时候，我看见他幼小的身影正在一群人中间若隐若现，那些是前来参加葬礼的老人，年龄和痛苦的原因让他们很虚弱了，杰克就站在阶梯边上，一个一个地扶着他们走下阶梯，时不时地还帮一些老太太提起她们笨重的裙角，还有，他还要不时地抽出一只手擦去自己脸上的泪珠。

"我又一次流泪了，为了杰克，我可爱的孩子，他真让我觉得骄傲！后来杰克开了一个很大的养老院，专门照顾一些没有儿女的老人，当然他成功了，成了整个街区最有名的人，他后来还做了理事会的主席呢！"

智商上的不足没能阻止杰克获得成功，毋庸置疑，情商在此起到了至关重要的作用。

然而，直到现在，仍然有很多家长、老师不重视对孩子进行情商培养，只是一味地把教育重心放到对孩子智力的培养上。孩子智商高但情商却低于正常人的平均水平，那么，孩子即使在学业上有所成就，但在其他方面也会一塌糊涂。

美国有这样一个人：他叫泰德·卡因斯基，他16岁就进入哈佛，20岁毕业后，又在密歇安大学获数学硕士、博士学位，接着，又到世界第一流的加州大学伯克利分校数学系任教，并在制造炸弹方面有特殊才智。

但就是这样一个智力超群的人，情商方面却是低能儿。整个中学时期同学几乎见不到他的影子，在大学里他也从不同任何人交往，更不能与人建立长久关系。最后，他因长期压抑而导致心理异常。不但对社会没有好的作用，反倒是用自己研制的炸弹杀死了3人，伤了22人。

这就是高智商低情商人物的悲哀，这应该让我们有所醒悟了吧。

▶▶ 情绪是本能，情商是能力

我们每个人都生活在情绪的海洋中。事实上，人在婴儿期就已经有了一定的情绪反应，其表现突然而不稳定。痛苦、愤怒、恐惧、快乐以及爱，这是人的最基本的五种情绪，其他情绪几乎都是建立在这五种情绪的基础上的。前三种情绪通常被认为属于"危险"的情绪，它们意味着发生或即将会发生危险；而后两者则属于"令人愉快"的情绪，告诉我们可以放松和享受，需要可以得到满足。

当人面对那些"危险"情绪时，如果不能及时缓解的话，这些情绪就可能会变成身体或心灵的疾病。而且，相应地，你感受到快乐和爱的时候也会非常少，能传递出去的当然也就更少了。

所以，即使单从人格教育的角度而言，我们也有必要教会孩子掌控自己的情绪，而这正是情商的核心思想。

与其他敏感期一样，孩子情商发展也有其最佳时期，一般是三到十二岁之间，如果我们可以抓住这个阶段，对孩子进行情商启蒙、开发，一定会事半功倍。

在对孩子进行情商教育的时候，应从情商所包含的几方面内容入手。

一是认识自身。自我认知能力是情商中最基本的一点。孩子只有能对自己的性格进行自我解剖，才能清晰地认识自己，发扬自身的优点，接受自身的缺陷，才能在以后的人生发展中扬长避短。

二是情绪管理。情商，通俗地说就是一种管理情绪的能力。如果孩子能够很好地控制自己的情绪，抑制感情的冲动，克制急切的欲望，及时化解和排除不良情绪，使自己始终保持良好的心境，以后成功的可能性会远远大于那些自我控制能力差的孩子。

三是自我勉励。一件事情的好坏，决定性的因素一般是取决于个人所参照的标准，而不是所发生的事件本身。引导孩子用积极乐观的态度去面对学习，面对生活，面对未来，那么还有什么可以阻挡孩子走向优秀呢？

四是认知他人。我们常常会听到有人抱怨某人不会"察言观色"，或者是"没有眼力见儿"，无论是哪种表达，其实都是关于低情商者不懂识别他人情绪的表现。如果孩子能从细微的信息察觉他人的需求，进而根据他人的需求行事，就能得到他人的认可和欢迎，这会给孩子带来好人缘，更会给以后的事业带来更多的成功机会。

五是人际管理。善于人际沟通与合作，人际关系融洽，在复杂的人际环境中游刃有余，这是高情商的直接体现。这要求孩子必须善于洞察并理解别人的心态，能控制自己的情绪，设身处地为别人着想，领悟对方的感受，尊重他人的意见等。

总之，情商的作用和影响早已贯穿于我们的生活、工作之中。正如丹尼尔·戈尔曼所说，"婚姻、家庭关系，尤其是职业生涯，凡此种种人生大事的成功与否，均取决于情感商数的高低。"把对孩子的情商培养与智商培养放在同等重要的位置上，这样你才可以放心放手，让孩子带着坚定的自信和自足去面对未来生活的挑战。

高情商孩子 VS 低情商孩子

情商水平的高低不像智力水平那样，暂时还无法用测验分数较准确地表示出来。那么，我们如何来判断一个孩子的情商是高还是低呢？

▶ 孩子情商高低的判断标准

丹尼尔·戈尔曼在《EQ》一书中说道："情商高者，能清醒了解并把握自己的情感，敏锐感受并有效反馈他人情绪变化的人，在生活各个层面都占尽优势。"具体说来：

高情商孩子的八种表现：

1. 有好心情。高情商的孩子不会纠结于微小的不满或不足，乐于原谅负面的人和事，因此，他们总是待人热情、诚恳，有幽默感，经常保持愉快的心情。

2. 有自信。高情商的孩子不论在什么时候，目标为何，都相信通过自己的努力有能力和决心去达成。所以，你会看到他们在生活上能承担起自己分内的家务、料理自己的生活，在学习中能独立完成各项任务，碰到问题和困难能独立自主地做出决策并会实施，不轻易接受他人的暗示、意见而改变主意。

3. 有责任心。高情商的孩子敢做敢承担，对于和自己有关的错误事情，都会勇于承认错误，不推卸责任；而且，不管遇到什么问题，都会认真分析、并努力寻求解决之道。

4. 有专注力。高情商的孩子在他人表述观点时，能做到认真倾听，而且在倾听、观察或做事时，精神也会高度集中，不会轻易被外界的因素所干扰和分神。

5. 有基本礼貌。能够在内心对给予自己帮助的人怀有感恩之情，愿意对他人回馈爱和提供力所能及的帮助。因此，如果你看到一个孩子经常说"谢谢"，会主动和熟人打招呼，有很好的餐桌礼仪，这类孩子一般都会情商高。

6. 有眼力见儿。情商高的孩子会察言观色，他们会关注大人的一举一动，大人或生气或欢喜，孩子都能察觉到，并且在第一时间做出反应，做出很好的应对方式。

7. 有抗挫力。情商高的孩子受到批评或挫折后，善于总结经验，下次遇到同样情况时能做出更合理的反应。

8. 有很多朋友。在与其他孩子相处时，积极的态度和体验（如关心、喜悦、分享、爱护等）占主导地位，而消极的态度和体验（如厌恶、破坏等）很少，他们也善于记住别人的名字，并能真诚地赞美他人，有同情心。因此，高情商的孩子一定会有很多朋友，从小就受到别人的欢迎。

低情商孩子的八种表现：

1. 窝里横。在外面表现得老实，遇事容易退缩，看起来像个内向胆小的人。但只要回到家里，就会变得像小霸王似的，把怨气都撒在弱小者或疼爱自己的人身上。这就是典型的"窝里横"，是低情商孩子的一个典型表现。

2. 一言不合发脾气。不能接受失败和挫折，并且难以控制情绪，这样的低情商孩子常常不受欢迎，因为他们往往是契约的破坏者。

3. 只关注自己感受。自私，只关注自己感受，不理解他人的感受，肆意伤害别人，这些低情商孩子目光短浅，图一时的快乐，他们不知道只关注自己感受，会让他们丢失友谊和建立友谊的机会。

4. 听不得批评。只能听别人说他好，不能说他一点点难听的话，如果别人说话不顺他的意，就会大哭大闹犯脾气。并且过分看重他人对自己的看法，缺乏自信，常常因别人的评价而轻易改变自己的行为表现。这样也是情商低的表现。

5. 爱戳别的小朋友或他人痛处。通过贬低别人抬高自己，似乎获得了不少优势，其实是心量狭窄的表现，这些低情商孩子，往往并不能得到真正的优势。

6. 太过固执任性。倔得像头牛，又缺乏同理心、自以为是，不肯顺应客观情况调整自己，一旦认定了的事，怎么说也不改，就算错了也不承认。这类低情商的孩子终究会因为自己的心态和固执栽跟头。

7. 缺乏独立性。过分依赖父母，缺乏独立性，自己的事情拿不了主意，遇到一点困难就马上退缩。

8. 爱抱怨，推卸责任。低情商的孩子会经常抱怨谁谁谁不好，犯了错也总是第一时间撇清自己的责任，把过错都推到别人身上。

▶ 孩子情商高低的影响因素

那么，是什么造成了孩子间情商差异的呢？

我们常常听到有家长说，我家孩子天生情商低，事实果真如此吗？

其实不然。智商或许和天生有关，但是情商的高低水平却是和教育环境和教育方式分不开的。

教育环境的无意影响

孩子情商的高低，与他的生长环境有很大的关系。有高情商的大人，才有高情商的孩子。没有大人作为表率，年幼的孩子如何去找到缓解压力及稳定情绪的力量？

首先，大人要在孩子面前保持理智。如果大人遇到了不顺心的事，就忍不住发脾气、摔东西、歇斯底里，甚至拿孩子撒气。孩子从小见证这种"挫折——攻击"的情绪反应模式，久而久之，当然就有样学样，一不高兴也会"照方抓药"，用同样的反应模式来处理自己的情绪，因此极易形成缺乏涵养、性情暴躁，容易形成悲观的性格，失去对挫折的"抗寒"能力。

其次，与人和睦善良。向善的环境培养出来的孩子，与人相处是友善的，为别人着想，也更容易得到群体的接纳与喜爱，孩子的情商和智商都能得到很好的发展和提升。如果大人一时做不到心平气和地沟通，那就请切记，大声的争吵一定要避开孩子。

第三，冷静处理问题。孩子对事情的诠释，常会被大人的反应所影响。在压力之下保持冷静，是最好的身教。比如，如果孩子一次没考好，父母、老师就如临大敌，那么孩子就会从大人这个反应里学到："完蛋了！考得这么差，就要世界末日了。"相反，如果我们可以在面临压力的时候冷静对待，也是在示范给孩子看：你不需惊惶失措，而可以波澜不惊。

有意培养的教育方式

虽然我们仍吃不准多大比例的情商是与生俱来的，但可以确定，比起智商来，情商更多是由后天培养的。尤其需要顶了在童年时期接受良好的情商教育。受过情商教育的儿童，会在人生较早的阶段就养成成功人士的高情商与成功习惯：他们举止更得体、能在烦躁时克制自己，而且注意力更易集中、能在交往中形成友好的人际关系，学习成绩也更好。

培养孩子的情商，成人需要做好以下这五件事情：

第一，察觉孩子的情绪。孩子如同成人一样，他们的情绪背后有其原因。你应该经常关注孩子微妙的感情波动，当发现孩子有不明来由的生气或沮丧时，不妨停下脚步来了解他们生活中发生了什么事情，并且运用一些方法来引导孩子安全地表达各种情绪。

第二，当孩子出现情绪时与孩子有效互动。现实生活中，一些成人试图忽视孩子的负面情绪，希望他们的情绪过去，但常发现效果不好。事实上，情绪的抒解需靠大人协助孩子澄清情绪、了解情绪，才不致使情绪扩大或恶化。比如，当孩子哭泣、悲伤时，可以恰当地告诉孩子："哭泣是不好的，悲伤会让人变得很丑。"再比如，当孩子在失败后还面带微笑时，告诉孩子："宝贝，你很乐观，你是最棒的！"孩子将来会面对人生的诸多曲折、难题，正确的对策是尽力去解决它。在这个过程中，既教育了孩子，又融洽了你们之间的关系，何乐而不为呢？

第三，用同理心倾听，认可孩子的情绪感受。大人们在日常生活中难免有些不如意，孩子也未尝不是如此，他们此刻最需要的是有人能了解他们，有人能倾听他们，有人能给予情感的接纳和支持，而不是太快、太早地提供意见，也不是一味地安抚、宽慰。所以，我们应该做的是，引导孩子把压抑在心里的话说出来，即使是哭出来，也能在很大程度上解决问题，别让孩子把伤痕埋在心底，成为胸口永远的痛。然后你会发现当孩子向自己倾吐后，他们不仅在情绪上雨过天晴，在想法上找到问题的原因，而且在行动上也找到了解决的办法。

第四，帮助孩子找到表达情绪的词语。能够表达清楚自己的感情，孩子才能更好地与人交流。一般来说，孩子经常笼统地用"不高兴"来代表大部分的负向情绪。其实一个"不高兴"之下有很多种不同的情绪——"挫败""失望""焦虑""紧张""担心""嫉妒""懊恼""内疚"……不同的情绪拥有不同的名字，也对应着不同的处理方式。教会孩子明白一些具体的词汇，将有助于孩子从一种混乱的恐惧感情状态中走出来，进入正常的可以说明白的生活状态。或许他就会自言自语，自我安慰："小鹏想让我嫉妒他，我才不呢，我要离开这里。"

第五，引导孩子找到解决方案。孩子一旦了解到他感情的来源所在，感情的问题也就比较容易解决了。例如有些孩子说："他们不跟我玩，我很生气。"接着出现攻击或者退缩的反应。其实，怀有期待而被拒绝的时候，是我的愿望落空了，我会感到失望。这个时候，真实的需求是——我希望进入游戏。而生气是一个人受到攻击时典型的情绪反应，孩子因为被拒绝而生气，很可能是把拒绝当做了对自我的否定和攻击。这时，你可以帮助孩子寻求解决方案："这一次的拒绝只是代表现在他们不同意，不代表永久的拒绝，更不代表朋友不喜欢你，如果你愿意，可以再一次争取。你愿意和我讨论一下有什么办法来说服朋友吗？"这样的梳理之下，孩子就有机会走入一个更合理的情绪处理通道。而且，他下一次再遇到类似的情况时，就可能会利用这些思想来解决问题，不再需要依靠你的帮助了。

如何养出"别人家的孩子"？

有这样一类孩子，他们性格大方开朗，不论在课堂上还是小伙伴里，总是能够轻易成为焦点，典型的"人见人爱"。这些总是让人心生愉悦的孩子，就连成绩都比其他孩子优秀，俗称"别人家的孩子"。

其实，他们的共同特点就是：高情商。自信乐观、容易相处、性格温和、责任感强……这些品质就像一张无形的网，以高情商为中心，网罗住了喜欢与赞美。

用不着羡慕，如果采取针对性的培养措施，你也可以养出"别人家的孩子"。

▶▶ 接纳：被接纳是支撑孩子心灵的力量

不管是家长还是老师，都曾经或正在为孩子的这个缺点、那个问题而感到担心和焦虑。比如，孩子做事情总是不紧不慢，不像父母那样雷厉风行；孩子的成绩始终不好不坏，而孩子对此并不在意；孩子的性格过于安静，从不主动参与学校的活动；孩子特别爱漂亮，不喜欢的衣服不穿，甚至上课时也时不时照照镜子，等等，都是让大人们头痛的问题，我们常常因此而忧虑、烦恼不已。

而我们的担忧，往往会让孩子们认为自己确实是个有问题的孩子，于是他们要么违心地做自己不愿做的事，企图成为大人眼中的好孩子，却从此失去了自己；要么从心底否定自己，然后一步步走向我们所担心的结果。

但不管哪种结果，都不是我们想看到的。而避免把孩子推向歧途的方法就是无条件地接纳孩子，无论乖巧或淘气，无论聪明或愚笨，无论健康或有病。如果这个"无条件"完成得较好，孩子的人格就会比较完整，德、智、体就会最大程度地得以良性发展。

相信大家都还记得爱迪生小时候的故事。爱迪生在八岁时才开始进了一所只有一个班级的学校上学，校长和老师都是恩格尔先生。由于学校课程设置呆板，老师讲课又枯燥无味，爱迪生对上课实在没有什么兴趣。因此，老师在讲台上教课，他就在下面走动，有时还跑到外面去，从来没有好好地坐在椅子上过。有时候，他还会收集附近人家丢弃的物品，而制造些奇奇怪怪的东西带入教室，整天就玩这些东西，完全不注意老师在台上讲些什么。当然，这往往也会妨碍其他孩子上课。因此长期下来，老师感到很头痛。

终于一次，忍无可忍的老师把爱迪生的母亲叫到了学校。因为在上算术课的时候，许多学生都安静地听讲，只有爱迪生忽然举手发问说："二加二，为什么等于四？"老师被问得张口结舌。

老师对爱迪生的母亲说："爱迪生这孩子一点不用功，还老是提一些十分可笑的问题。昨天上算术课时，他居然问我二加二为什么等于四，你看这不是太不像话了吗？我看这孩子实在太笨，留在学校里只会妨碍别的学生，还是别上学了吧。""我认为爱迪生比同龄的大多数孩子聪明，我会教我的爱迪生，他再也不会来到这里！"爱迪生的母亲非常生气地说。

此后，爱迪生便在母亲的亲自指导下如饥似渴地汲取着人类先哲的智慧思想。其中没有责备，也没有对他的试图改变，有的只是默默地关注与保护。母亲的接纳使爱迪生最终成为了技术历史中著名的天才之一。

只有接纳孩子，你才能在心里挪出地方来爱他，你才会发现他的优点。内向的孩子大多沉稳、敏锐；胆小的孩子也会比较谨慎、细心；爱哭的孩子更善解人意；动作慢的孩子不容易出错……每一个你认为的"缺点"背后都可能隐藏着更大的优点。所以，不要急着去批评和指责，更不要急于去改变，接纳它，然后在分析引导，充分利用其长处，发挥其优势。更重要的是，孩子也会因你的接纳而接纳自己，然后接纳别人，和别人建立起良好的关系；将来在情感上才会比较稳定和成熟，内心充满安全、快乐、幸福、自爱、自尊、乐观、自信、坚强……

▶▶ 信任：用信任强大孩子的内心

你一定曾有过这种体会：当被某人充分信任时，会感觉自己浑身上下都充满着力量，在内心深处，会有很强的动力支持着你去主动付出努力，对于达成目标，也会相当自信。殊不知，孩子的感受比成人更强、更深刻。

心理学家曾做过这样一个实验，在一所小学里对一至六年级的 18 个班的学生进行一次"发展测验"。测验结束后，他们发给每个班级的老师一份学生名单，说名单上列出的全班 20% 的学生是最有优异发展可能的学生。

8 个月以后，心理学家们又来到这所学校，进行追踪检测，结果发现名单上的 20％的学生的学业成绩都有明显进步，而且他们情感健康，好奇心强，与老师和同学的关系也比较融洽。老师们说，心理学家的测验可真准，有很多学生是他们原先没想到的。可是心理学家却告诉老师，名单上的学生只是他们随机抽取出来的。

这个实验证明：当育人者时时处处都对孩子充满无比的信任时，就会在很大程度上提升孩子的积极性，让孩子在鼓励和信任中不断进取，展现出自己的美好之处，并获得内心的充实与幸福。

因此，作为父母、老师，我们有责任坚持不懈地用自己的信任去强大孩子的内心，给予孩子前进的信心和力量。一位家庭教育专家就曾经说过："教育的奥秘在于坚信孩子'行'。"跟成人一样，在每一个孩子的内心深处，都渴望受到赏识和肯定，这是人最强烈的内在需求。如果我们不相信孩子能够发展好自己，就会用自己所能想到的方法去扭曲孩子，最终破坏他们发展的自然规律，给他们带来身心的伤害和一生的痛苦。

信任孩子，要像相信只要给予一颗种子充足的水分与光照，就一定会发芽、开花、结果一样。孩子其实就是一颗种子，只要我们给予孩子充分的信任与鼓励，孩子就一定会按照自然的机制去发展自己。

其实，每个孩子天生都是自信的，勇敢的，他一张开眼睛，就尝试到处看看，当他能控制自己的动作时，他喜欢到处爬，到处摸，什么都拿起来咬，大人做什么，他也模仿着做什么。当然，因为很多事情孩子是第一次做，所以很容易出错，如果他每次尝试换来的都是批评、指责，那么，就很容易挫伤孩子的自尊心，使他失去自信。

所以，如果想让他保持勇敢自信、积极进取，你就应该记往：当孩子做出某种尝试时，只要不是危险的和损害别人利益的，就应该给予他充分的信任。你可以通过语言、表情、眼神等告诉孩子"我相信你没问题"，"你一定行"；还要赋予孩子决定的权利，并支持孩子按照自己的想法去做事；而且，无论结果好坏，都要认可孩子的能力，及时给予鼓励，巧妙提出改进意见，切忌粗暴的批评与阻止。

这样，孩子每次尝试做一件事情时，他得到的都是奖励而不是打击，他当然会很有自信，乐意一而再再而三地努力去做自己还不会做的事情了。长大了之后，他很自然就会成为一个勤快的、乐于尝试新事物的、积极向上的人了！

如果是不幸已经变得自卑胆怯的孩子，唯一可以帮助他的就是要停止对他所做的事情挑毛病、指责或者是表示不满意，而是多给鼓励。哪怕只是有了一丁点儿进步，一定要及时给予肯定和适当的赞美，逐步帮助孩子树立自信。有时候，来自大人的一句肯定话语，一次不经意的信任和鼓励，都能够使孩子激动好长时间，甚至会改变整个面貌。

▶ 富养：富养的孩子，内心才能富足

关于孩子是否应该富养，一直以来争议很多。而之所以会产生争议，是因为人们的目光仅仅停留在富养的字眼表面。例如，一些身价千万的父母，经常给孩子买一堆上千元的童装，却在孩

子喜欢的贴纸或摇摇车上跟孩子较劲。这不是富养，因为你给予孩子的只是你想要的，而非孩子真正需要的。这样的孩子长大一些，容易变得欲壑难填，跑车名表攀比着买，也很难弥补童年的匮乏感。

我们提倡富养，养的其实是孩子的满足感与安全感，是与金钱无关的对于生活品质的追求。

如果条件允许，你可以带孩子去度假、去旅游。要让孩子学会欣赏大自然的山山水水、学会尊重大自然的风土人情，学会爱护一切有价值的文化遗产！"游山玩水"要玩出名堂，不要让他成为炫耀的资本；你可以带孩子参加适宜的社交，知道"得体"与"高雅"是人类文明追求和向往的。我们希望孩子长大了能够入"流"，而这"流"是社会的主流，是文明的主流。

如果条件不允许，也不应该让孩子背上沉重的家庭负担。不要告诉孩子"家里没有钱，只能靠你了，你要好好上学，才能赚钱养家"。如果父母传递的总是生活的沉重和缺钱的窘迫，孩子由此得到的内疚感和自卑感最终会毁掉他们的梦想。例如不相信自己配得好工作，总是能找到吃力不赚钱的活，即使赚到钱也无法轻松享受，一给自己花钱就觉得愧疚，同时容易过度囤积东西，造成更大浪费。更无法正确把握自己和金钱之间的关系，要么为了钱不择手段，要么赚不到钱就更加沮丧。

父母不需要完美，但至少要诚实。诚实的父母，即使孩子得不到很多满足，会知道那是父母的问题，不是自己不配得，未来依然可以通过工作赚取丰富物质生活。

其实，孩子的未来能否丰盛，也不是家庭的贫富而是父母对金钱的态度决定的。一位女士富有而且修养气质很好，兄弟姐妹也都如此。她的童年时代，物质上大家都很贫乏，但妈妈总是保持生活中的美感，时不时给孩子们带回一些美好小玩意，从来不对孩子传递生活艰辛的沉重感教育，孩子们一直感觉内心富足流动，所以后来到社会上凭借自己的能力，各个富有而且有精神追求。

事实上，我们教育孩子，只是为了让他能够自食其力，撑起他自己的天空；我们养育孩子，只是因为，我们爱他。父母无论贫富，都可以给孩子传递：你的欲求很美好，你值得一切最好的东西。那么，孩子幼小心灵中种下的就是明亮的种子，未来自然会物质丰盛而且不执着奢靡。而且，他们即使人生遭遇挫折，也不会轻意对生活失望。

孩子不会用头脑自欺欺人，无论大人认为道理多正确，孩子直接从能量层面感受大人传递的是正能量还是负能量。如果父母持续不断以正确为理由强加各种负能量，孩子最终也就变得如大人一般，活得沉重压抑，制约在所谓的"正确人生道理"中。因此，不管你是穷人还是富人，都应该向孩子传递富人的正能量，而不是因为自己的贫穷，就把让你变穷的负能量同样塞给自己的孩子。

▶▶ 示弱："逞强"的孩子会迅速成长

在成人的眼里，总觉得孩子是弱小的，因此常常在孩子的面前以强者的姿态帮助孩子，保护孩子。这本来无可厚非，但是这种保护一旦把握不好程度，往往会变成孩子情商发展的阻碍，使孩子变得自私、懒惰、消极、胆怯，没有责任心和爱心，缺乏独立生活的能力。

其实，当你偶尔也向孩子示示弱、让孩子"逞逞强"的话，你会发现，这样不仅会让孩子真的变得很强大，而且还能拉近与孩子之间的距离。

例如，很多人人会对青春期孩子的发型看不顺眼，如果是以一种强硬，而且带有指责的态度冲孩子大嚷："看看你的发型像什么样子，头发帘就遮住半个脸，你想演恐怖片吗？"结果只能使孩子对大人充满敌意，僵化你们之间的关系。但如果我们懂得巧妙地向孩子"示弱"，孩子反而会欣然接受你的建议。

下面这位聪明的妈妈就是用这种方式，改变了她14岁女儿青春期的叛逆行为。让我们来看看她是怎么做的吧：

"女儿，过几天妈妈要参加一个婚礼，你说妈妈穿什么衣服比较时尚？"

"我觉得你新买的那身裙子应该不错，不过，要是再配一条小丝巾就更好了。"

"好主意，这样既高贵而又不失时尚，那我明天就去买条丝巾。"妈妈想了想，接着说，"我的形象设计师，我能给你提条意见吗？"

女儿听妈妈称自己为"形象设计师"，高兴地说："妈妈请讲。"

"我知道你的发型是今年最流行的，我也很喜欢，但头发帘把眼睛都遮住了，是很影响视力的。如果你把头发帘斜着再剪去一些，既不失潮流，又不会遮住眼睛，说不定还能引领另一种潮流呢！"

女儿仔细想了想妈妈的话，说："妈妈，我正在为这个头发帘烦恼呢，这下好了，你帮我找到了一个解决的好办法。"

这位妈妈先承认了自己不如女儿的地方，然后再指出女儿的发型有损健康，就使得女儿欣然接受了自己的意见。这就是"示弱"的神奇力量！

就其方法而言，向孩子示弱要巧妙，就得有方向性。例如：

如果你希望孩子将来知感恩、有担当，就适当地向孩子诉诉苦、装装病，品尝到了施与的快乐的孩子，也就不由自主地拥有了成长的助力。

如果你想提高孩子的自信心，就偶尔让孩子当一回老师，对于那些孩子有可能一知半解的问题，只要你虚心去问，他就会动脑筋思考，想办法满足你，而当他看到自己的答案使你满意时，他就会产生很强的荣誉感，也就会增强了孩子的自信心。

如果你希望孩子自理自立，就周期性地让孩子当一天（或两三天）家，这种角色换位，不仅可以培养孩子独立意识和自主生活能力，还能让孩子感受一下父母的辛劳，对生活也会有些新的认识。

如果你想让孩子语言表述能力强一些，就经常向孩子提出一些需要多说的问题，让孩子发挥口才来解答；想让孩子的英语口语说得好一些，你得经常和孩子说英语，而且不时做出忘记的状态，让孩子帮助你，要不就说："这个单词我怎么忘了。"想让孩子的数学学得好一些，你得下功夫找一些问题，和孩子一起讨论，让孩子帮助你解决。

▸▸ 赏识：随口评价孩子是一种罪讨

"让每个孩子都抬起头来走路！"这是苏联大教育家苏霍姆林斯基的一句名言。而让孩子抬头还是低头，则取决于你对他是赏识还是贬低。

这是因为，儿童的理性思维能力和对周遭事物进行客观评判的能力尚不够完善和独立，所以他对自己行为判断的重要标准完全依据他人的评价。例如，生活中我们会发现，孩子可能仅仅因为别人一句夸奖的话而变得充满自信，开心很久；有时候，别人一句批评的话又会让他对自己完全丧失信心。尤其当这个"别人"是自己最亲近的人，比如父母、朋友和他敬重的师长等，对他的影响也就越大。

所以，赏识教育对于孩子而言是非常重要的，它能够让孩子充分地建立起对自己的信心，也会倾向于再次表现这种受赞扬的行为，并且在成长中获得安全感。

其实，当孩子出现问题时，只要我们抛弃一味的谴责，多给孩子时间和空间，尊重他的心理感受，孩子就可以有力量和动力自己慢慢修正问题。

例如，当你发现孩子抄句子时速度很慢，如果总是提醒她："一句话一句话地抄，别一个字一个字地抄！这样太慢了！"那么，即使他照办了，也会很不高兴。但是如果你可以用一种商量的语气对他说话："你一个字一个字地抄也是可以的，不过，妈妈还知道一种更快的方法，你愿意试试吗？"如果孩子愿意尝试，一定会发现这样更快。如果不愿意，我们也要尊重孩子的选择：

"今天还是用你的方法，妈妈帮你记时间，看你平均一分钟抄几个字。明天咱们再试试另外一种方法，看看一分钟抄多少字，然后选一个你喜欢的办法。"

当然，期间我们还可以加入"赏识教育"的内容——不给他一点压力，不去催促他。假若某一天他完成得非常快，就可以积极地肯定他——这样，孩子并不会觉得快是多么难以企及的目标，此时他会更关注自己的成就感，并且，他会从中总结经验，比如写的时候尽量做到专注，或者一眼多看几个字。

你也可以叫他分享经验，这样他会有意识地总结方法，也许会用到下次作业中，这样会渐渐形成良性的循环。

事实上，只要方法对路，改变孩子的行为没有那么困难。而且，很多时候孩子所谓的弱点，有很大一部分是我们过高的期望制造出来的：如果我们拿孩子与我们心中的期望相比，孩子往往都是错的。如果只是审视孩子本身，他的优点足够让你骄傲。

这里需要特别指出的是，赏识教育绝不是浮夸的赞美。让我们来看这样一组镜头：课堂上，一个十多岁的儿童回答了一个普通得不能再普通的问题，老师马上带领同学们拍起了手掌——"你真棒！"然后发一颗糖；一个十多岁的儿童拿笔在纸上画了一个似花非花的东西，爸爸妈妈、爷爷奶奶立马露出可鞠的笑容，大称"你真能干"。这样的情景，相信大家在许多场合都能看到。但我想反问一句：这样的儿童棒在哪里？能干什么？

这样的"赏识"——所有的人都这样地浮夸他们，赞美他们——只会让他们形成"自我中心意识"。凡事从"我"出发，局限于从"我"的视角认识事物，因而，"盲目自尊""自负"会是他们普遍的特点。于他们而言，需要的恰恰是"淡化自我"的教育。希望我们的父母、老师能多做思考，取消浮夸，反思"赏识"，回归自然。

▶▶ 强化：祖母原则有时很有效

美国心理学家大卫·普雷马克曾经做过这样一个实验：他让一群孩子从两种活动中选择一种：玩弹球游戏机或吃糖果。当然一些孩子选择了前者，一些孩子选择了后者。有趣的是，对于更喜欢吃糖果的孩子，如果把吃糖果作为强化物，便可以增加他们玩弹球游戏机的频率；相而对于更喜欢玩弹球游戏机的孩子，如果把玩弹球游戏机作为强化物，就可以提高他们吃糖果的数量。

由此，普雷马克提出：可以利用频率较高的活动来强化频率较低的活动，从而促进低频率活动的发生。用通俗的话来说，就是人可以用比较喜欢的活动，来强化不太喜欢的活动，就像奶奶经常对孩子说的："不把菠菜吃完，就别想吃冰激凌！"因此，普雷马克原理又称祖母原则。

现实生活中，我们也可以利用这一原理来达到教育孩子的目的——即对于孩子不想做的事，大人可以规定：做完这件事，才能做一件他喜欢的事。这样就可以促使他完成自己不喜欢但应该做的事。

比如，列出一张这样的清单，贴到墙上：

首先完成：早睡早起。然后可以：周末去游乐场。

首先完成：吃蔬菜。然后可以：喝饮料。

首先完成：当天的家庭作业。然后可以：玩游戏。

首先完成：打扫自己的房间。然后可以：出去踢球。

首先完成：洗自己的袜子。然后可以：看动画片。

首先完成：练习20分钟的小提琴。然后可以：出去玩。

首先完成：期中考试取得好成绩。然后可以：买电脑。

首先完成：期末考试取得好成绩。然后可以：上网。

当然，在旁边还应该有一张时间表。

这样，就可以使孩子通过遵守这个条件，学会克制、忍耐，慢慢领会到大人说不行是有道理的，而认识到自己的问题。

不过，当我们真正运用普雷马克原理去激发孩子的行为时，还需要注意以下几点：

1. 正确选择激发物。我们在选择激发物时，必须了解与所要强化的学习行为相比，孩子更喜欢什么，并把后者作为激发物，方能有效。比如，我们可能觉得弹钢琴要比练毛笔字有趣得多，因此告诉孩子说："你放学后先写一百个毛笔字，然后我允许你弹一小时钢琴。"你心想这回孩子该好好练字了，可他根本不买账，因为他实际上宁愿多写毛笔字，也不愿弹钢琴。

2. 前后关系不能颠倒。必须用孩子喜欢的行为去激发他相对不喜欢的行为，而不能反过来用。比如，在看电视和做作业的问题上，有的大人常常误用，允许孩子先看电视，然后做作业，完全是本末倒置。你应该这样规定：必须做完功课才可以看电视，若功课没有做完或做得不够认真，则禁止开电视。

3. 必须严格执行。必须使孩子在主观上认识到两种行为之间的依随关系，如果在他心目中没有把喜欢的行为与不喜欢的行为联系起来，那么就起不到真正的作用。比如，有的孩子为了看电视，草草地做完作业，就要看电视，如果大人允许了，则是对他做作业草率、不认真这一不良行为的强化。因此，我们必须使孩子意识到，允许他看电视是对他认真按时完成作业的一种奖励，而不是随便怎样他想看就可以看的。

▶▶ 运动，爱运动的小孩情商不会太低

现代的身心研究和运动心理研究都证实：体育运动对人产生的影响，会渗透到个人的生活习惯和为人处世的态度之中，甚至还能改变一个人的命运或者人生轨迹。可以说，运动予人的，看得见的是身形和健康的保持；看不见的是性格和韧性的塑造。

爱运动的小孩更自信。任何运动都要求孩子感知自己的身体，控制自己的身体，而这个过程恰恰是孩子认识自我的一个过程，孩子会获得自我认同和自尊。同时，在取得进步或者获得成功时，孩子会获得很大的满足感，从而慢慢培养孩子的自信。

爱运动的小孩更自律。任何运动都有规则，如何取得成果需要一些固定的模式和技巧，这需要孩子不断地学习和改进。尤其是在一些规则性比较强的运动中，孩子会慢慢发现，自律可以帮助自己更接近成功。

爱运动的小孩更友善。在运动中，孩子会慢慢体会，无论是合作者，还是竞争者，友善的态度、谦逊的品质都可以帮助他建立和维系友谊，帮助他更好地享受运动的乐趣。同时，孩子也会在运动中慢慢体会合作的重要性。

爱运动的小孩更坚强。对于技巧性稍强的运动，比如游泳、轮滑等，需要孩子克服恐惧的心理，需要孩子有足够的耐心，慢

慢来。在战胜自己、战胜困难后，孩子会在成功后潜移默化地体会到耐心和勇敢的价值。

爱运动的小孩更聪明。四肢发达，头脑才会更发达。尤其是对于小孩子来说，他们是靠肢体的探索来学习，所以运动能力和智力水平是有相关性的。

总之，爱运动的小孩，情商不会太低。如果大人可以经常带孩子做一些运动，尤其是根据孩子的生长发育敏感期，找到适合孩子的运动方式，这将对孩子的身心发育非常有益。

具体来说：

0—1 岁：精细运动能力飞速发展

这个时期的小宝宝，面对这个强大的世界，看起来可能有些软弱无力，但同时他也在用自己的身体慢慢探索这个世界的奥秘。大人可以帮助孩子做做下列的体能训练：例如，当孩子会用视线寻找物品，且头部可微微上扬，你可以拿一些色彩鲜艳的字图卡、故事书、玩具等颜色鲜艳的物品，在孩子视线 30—50 厘米处慢慢地移动，吸引孩子的注意，在他的视线移动的同时，也强化了颈部肌肉；孩子会坐或者会站的阶段，你可以让孩了捡掉落的东西，带着孩子一起蹲下来捡，而不是自己捡给他，这样孩子才能自己运动。

1—3 岁：手的能力和身体的大动作继续发展

这个时期的孩子一般达到了爬行、站立等水平，从而进一步学会各种动作。他们能够在自己的探索下渐渐地灵活地运用物体。这时，大人要善于抓住日常生活中的点点滴滴来提升孩子的运动智能。例如，在孩子起床穿衣、穿鞋、戴帽子时，不妨放手让他们自己尝试一下，这时的孩子也往往固执得可爱，有些事情非要自己做不可。所以，大人应该给孩子实践的机会，要有耐心，不可中途打断孩子去包办代替，这样会不利于孩子自主性运动智能的培养。锻炼手的精细动作时，2 岁半的孩子从简单的一步折纸学起，到 3 岁时可学 2—3 步的折纸，3 岁开始学拿剪刀，先学剪线条，后学剪图形，锻炼孩子的自理能力，如整理玩具、打扫房间、洗小物品等；提供各种结构材料，如积木、插塑、拼装玩具、橡皮泥、沙石等，让孩子玩结构游戏；锻炼孩子的大肌肉运动智能时，大人可以带着孩子上下楼梯等。

3—4 岁：发展身体运动智能的最佳时期

这个时期的孩子身体比较柔软，容易学习许多动作，而且这个时期的孩子正是喜欢模仿的年龄，能够不厌其烦地重复同一动作，他们不怕失败，也不怕被别人笑话，所以这时，只要对孩子积极的指导、训练和适时的鼓励，孩子就能够掌握各种大动作和精细动作。从足运动技能来说，3 岁儿童可以单足跳跃；自己扶楼梯一步一阶；能够跳过 10—15 厘米高的障碍物；钻过高度为自己一半身高的洞穴；会骑足踏三轮车。从手运动技能来说，妈妈可以利用家中的小花盆，让孩子自己种植属于自己的植物，为它浇水、松土等；利用家中的废纸，鼓励孩子用它们折出或剪出不同的造型，如小动物、小花等；适当地让孩子干些家务劳动，如摆放碗筷、折叠衣服、擦桌子等。另外，这个时期的孩子对模仿很感兴趣，大人在创想的游戏中，鼓励他们把自己当成小兔、小猫、蝴蝶等，孩子在不知不觉中也学会了他们在现实生活中必不可少的实用的动作技能，如走、跑、跳、爬、钻、投等相关的运动智能。

4—6岁：系统整合、动作协调一致发展阶段

这个时期，孩子身体的各个系统、各个动作的功能已基本完善，所以，这个时期是孩子开始各个系统整合、动作协调一致发展过程。大人可以培养幼儿对体育活动的热爱，如打羽毛球、游泳、滑冰、跑步等。其中，游泳能促进呼吸系统机能的提高，还能提高幼儿抗御疾病的能力。

让孩子从小运动对其一生所产生的积极意义，足以让他受益终身。对那些不爱运动的孩子，大人应该鼓励他们结交更多爱运动、体能好的小伙伴，就可以在小伙伴的带动下提高自身参与锻炼的主动性和积极性；还要鼓励孩子多接触和体育有关的信息，如要求孩子留意报上或电视上的体育新闻，让他自编幼儿园的比赛报道，带他亲临赛场看球，或给球星写信，等等。

另外，一些孩子并非天生不爱运动，只是因肥胖、手脚笨拙、反应迟钝或身材过于矮小等原因而导致强烈的自卑心理。对此，大人要及时开导孩子，努力让他们明白"重在参与"的道理，不必过分看重运动表现或运动成绩。如有必要，还可以聘请心理专家协助；对这些手脚还不太灵活、体能还远远不够充沛、运动水平也无疑很低的"小不点"，大人还要记住：只要孩子动起来便是好样的。所以，对孩子的每一点进步、每一点成绩，都要及时予以表扬。还应该允许孩子经常变换锻炼项目，不要动辄就批评其"缺乏恒心"，甚至还应该引导他们发展多种运动项目，以增强其运动兴趣。因为最重要的是帮助孩子发现锻炼的乐趣，养成爱运动的习惯，并由此而受惠终生。

情商低的孩子还有救吗？

虽然情商也要受到先天因素的制约，但是，后天因素对情商的影响更大。而且，高情商的形成，并不是一时一事，也不是一朝一夕，更不是一蹴而就的，而是一个长期的过程：它开始于幼儿期，形成于儿童期和少年期，成熟于青年期，青年期之后，人的情商水平仍然可以持续不断地提高。所以说，即使孩子现在情商偏低，也可以通过后天学习加以塑造，甚至可以说在他的整个一生中都具有可塑性。

▶▶ 自卑的孩子需要成功体验

对意志坚强的人来说，失败也许是成功之母，但是对于大多数孩子来说，越失败就越没有信心，越没有信心就越没有兴趣，也就越容易失败，如此形成恶性循环，孩子的情商就会越来越低。

事实上，即使是天性自信乐观的孩子，由于缺乏人生阅历和生活经验，没有经历过人生的坎坷，没有生活的磨砺，缺少韧性，往往也经受不起大的挫折。过多的失败，很容易摧毁孩子对生活所抱的美好希望，也会使他对自己的能力产生怀疑，从而导致他在自己心里建立失败者的自我形象，变得悲观起来。

所以，对于那些做事畏首畏尾的孩子来说，让他们多多体验到成功的快乐，初战易胜，一胜便能激励再战的勇气。

但是，很多时候，成功对于孩子来说，却并不容易。因为他们所做事情的难易程度不同，再加上主客观因素的限制，另外还有方法是否得当，有无成就欲望，等等，这一系列因素，会让失败时常发生。

因此，对于很少体验成功喜悦感的孩子来说，成人的"帮助"很重要：

1. 让孩子做他擅长的事情。

成人要去发现孩子的特长、兴趣，并尝试着让他去做他擅长方面的事情，或者是感兴趣方面的东西，这样孩子就会比较容易地取得成功。

2. 帮助孩子确立适当的目标。

根据孩子发展特点和个体差异，成人要尽可能地帮助孩子树立一个可以实现的实际目标，让他自己努力去实现。当他不断看到努力所取得的成果时，乐观、自信就会很自然地充溢孩子的小脑袋了。

3. 帮助孩子完成他想做的事。

孩子也需要通过顺利地学会一件事来获得自信。一个在游戏中总做不好的孩子，很难把自己看成成功的人，他会减少自信心，并由此不愿再去努力，越是不努力，就越是做不好，就会越不自信，形成恶性循环。成人可以通过帮助孩子完成他想要做的事来消除这种恶性循环。

4. 用复杂的事增加成功喜悦感。

这一点仅仅针对各方面能力都比较强的孩子。因为他们无论做什么事成功的机会都会很多，这样孩子就容易滋生骄傲的情绪，同时对成功的体验也就不那么强烈，没有太大的喜悦之感。因此，对于这样的孩子，成人应该尽量设置一些复杂的事情让他去做，这样他就不会事事都能成功，如此不但锻炼了孩子的能力，同时还能去除他骄傲自负的心理，并且能够使孩子感受成功的喜悦。

另外，在平时，当孩子遇到困境时，你也应该多向孩子灌输一些乐观主义的思想，让孩子明白：令人愉快的事情是普遍的。比如，你如果周末要加班，应该跟他说："今天妈妈工作很忙要加班，看，公司还是很器重妈妈的哦。"而不是跟他说："该死的，为什么周末还加班。"事情是同一件，但是你不同的言语却能让孩子有不一样的感觉。

▶▶ 任性的孩子需要换位思考

同理心是情商的一项重要内容。过于任性不考虑他人感受的孩子，在未来很容易吃亏，因为他们自制能力差，又不顾及他人感受。往往付出很大的代价来做事情，内心敏感又脆弱。所以我们一定要早点拯救这类孩子，没资本的孩子将来真的没资格来任性。

那么，什么是同理心呢？简单地说，就是能够站在对方立场上思考和处理问题的能力。从这个意义上来说，如果我们能够将换位思考的教育融于日常生活小事中，让孩子学会理解人、体谅人、帮助人，孩子长大之后，自然就会成长为一个有同理心的人。

从方法上来说，包括：

强调影响而非行为

孩子犯错时，如果强调他的错误行为对别人产生的影响，孩子的同理心就会较敏锐，比较愿意站在他人的立场上考虑问题；如果一味就事论事，责怪孩子错误的行为，孩子的同理心就会不足，甚至缺失。

大人可以以自身为例，如，孩子在外面玩疯了，总是忘记告诉爸爸妈妈自己在哪儿。父母可以这样跟他说："假如我是你，你是我。我在外面玩而不告诉你我在哪儿，天黑了，我还没有回来，你怎么想？"老师也可以这样引导孩子思考："如果你不小心伤害了别人，而别人不原谅自己，那你自己的感受又如何呢？"

如果孩子真的能从对方的角度去换位思考，那么他就会明白对方会有什么样的感受，也就可能会因此而改掉这个不好的习惯。因为每个孩子都是单纯而善良的。当他们意识到自己的一句话、一个举动可能伤害到别人，给别人带来烦恼的时候，就会觉得很不安。从而懂得体谅别人、尊重别人，逐渐培养起替别人着想、理解别人、站在别人的角度来考虑问题的好品质。

和孩子角色互换

和孩子一起做做角色互换游戏，也可以让他学会换位思考。例如《爸爸去哪儿》中的爸爸张亮，与儿子角色互换，让儿子当村长发号施令，而他则扮演儿子在一旁捣乱不听话，这样孩子就能站在家长的角度想问题了，也能理解家长的不易了。

现实生活中，父母也可以和孩子做做这类角色互换的游戏。你可以先让孩子在想象中进行：请他闭上眼睛，按照你的话去想象一下："现在你是孩子的家长，工作很辛苦，在外面工作了一整天，周末加班到很晚，很累了，回到家里，儿子非要让你去踢足球，而你还有很多家务，房间里乱七八糟，晚饭还没有做，而儿子一点都不理解你，他执着地要求去踢足球，你怎么办？"

如果孩子的答案是："没有什么，孩子让你去踢球，不也是一种放松吗？"你就需要实行第二步——引导孩子用行动去"换位实践"。找一个星期天，家长当孩子，让孩子做"一日家长"，安排一天的生活，而家长一切等"一日家长"安排。如做饭时，也要听"一日家长"指挥，家长按要求做。通过换位实践，再让孩子说体会时，相信你就会得到不同的答案了。

此外，还可以让孩子扮演其他角色。例如，老师发现孩子嘲笑残疾人时，就可以让他在游戏中，体会残疾人的不容易。比如，蒙上他的眼睛，让他尝试在看不见的情况下走段路，体会下盲人的不易；或者规定他只能用一只手拿东西、吃饭等，让他体会手残疾人的不易等。

▶▶ 脆弱的孩子需要挫折教育

自我激励是一种神奇的力量，来自心的力量，也是情商的重要内容之一。孩子的意志力毕竟还没有那么强，所以在遭遇挫折和失败以后，很容易萎靡不振，如果这时候大人不管不问，任其发展，或者采取不适当的方法，如讥讽、嘲笑，甚至训斥、打骂，那么孩子很容易破罐子破摔，继续"受挫"下去，直至无可救药。

而我们提倡对孩子进行挫折教育，目的就是要提高孩子心理承受力，让孩子有勇气面对挫折、并战胜挫折，从挫折中学到更多经验，成为生活的强者。

那么，什么是挫折教育呢？

有相当一部分成人认为，挫折教育就是多让孩子吃点苦、受点累，如批评、罚站、不给吃饭、与孩子对着干、让孩子服输等就能解决问题。

这样的理解未免过于狭隘了。其实，孩子从来就不缺少挫折。只要你不包办他的一切，不有求必应，不管是生活、游戏，还是学习，都可以使孩子体验到失败和不如意。而挫折教育的真正含义是让他在这种挫折的体验中学会面对困难并战胜挫折，培养孩子的一种耐挫能力。

正确的做法应该是：

第一步：让孩子面对

很多时候，在挫折面前，如临大敌的往往不是孩子，而是大人。大人常常会担心，孩子能否应付得了带给他痛苦体验的挫折，这种担心往往让大人有一种冲动，想要帮助孩子逃避挫折，甚至要代替他承受挫折。

事实上，我们完全不必担心孩子会因为一次的挫败，就不得翻身。其实在每个孩子的内心深处，都有一个"自我帮助系统"，在处理挫折的过程中，会接纳各种各样的处理方法。它可以让孩子逐渐从容地应付复杂的狂风巨浪，即使哪一次失败了，也懂得爬起来再战，并明白什么时候该再接再厉，什么时候该另起炉灶。而这样的智慧，是必须在亲身实践中学会的。

第二步：给他鼓励

美国国家儿童发展科学委员会一项报告显示，一个孩子能否从伤害事件中尽快恢复，最关键的因素是他是否和养育他的成年人有着一段坚实稳定的互动关系。当一个人拥有一段或几段有支持力、有回应的社会关系，再配合一定的处埋困境的能力，他就能迅速从逆境中走出来，快速适应环境。这也就是说，成人要在孩子面对了挫折之后，让孩子充分感受到爱，给孩子提供充足的信任感和安全感，他才敢大胆地去尝试。

对于自信心受损的孩子，我们还应该有意识地帮助他重建自信心。例如：可以设置一些可以实现的目标给他去做，当他成功了，不要一鼓脑地给他许多赞扬，或者告诉他，他有多么地伟大；相反应该对他说，"你现在这样做，就对了，你是不是在慢慢地感觉到一些事情，我想，你现在一定觉得自己很高兴，看起来，多做一些努力，还是有效果的。"这种话，不管是对 5 岁的孩子，还是 10 岁，15 岁的孩子都有很大的鼓舞作用。

第三步：教他方法

既然成人不可能永远充当孩子的避风港，保护伞；既然他迟早要进入社会，自己去面对困难，也一定会经受挫折，那么，最明智的做法就是，尽早培养孩子将来适应社会的能力，让孩子学会自己应付挫折。

在这个过程中，需要特别注意的是，孩子刚开始尝试时，经常会不小心把事情搞糟，这个时候千万不要呵斥他，否则就会损伤他的积极性。而要耐心地把动作、方法解释清楚并做示范，然后再让他练习。例如，孩子学吃饭时，教给他拿勺子的正确方法、吃饭时要用手扶住碗等，虽然他可能会打碎餐具或弄脏衣服，但他更会尽快学会这些本领；再比如，孩子不敢爬高的攀登架时，成人可以训练他隔几天多上一级，练熟了再多上一级，慢慢就可以克服怕上高的困难；同样，孩子在学习上，也会经常遇到关卡，大人可以帮助他把难关分成几步，逐步跨越。有了这样的经历，孩子就会把学习中遇到的其他难关，也学着切分若干步骤的方法，自己克服困难。

总之，只要我们充分相信孩子，再加上合适的引导，他必然会给大人递交出一份满意的答卷。

▶ 易怒的孩子需要情绪引导

正面地面对和处理情绪的能力，是孩子成长过程中需要学会的，情商低的孩子，总是拿负面情绪没有办法，很容易被负面情绪牵着走，并因此而出现不良行为。不但会造成其他人的困扰，也影响自己的人际关系。

因此，大人要想办法努力帮助孩子化解掉负面情绪，还孩子一个平和、安静、良好的心理环境。

一个最有效的方法就是站在孩子的角度去体验孩子糟糕的心情，让孩子有一种被理解的感觉，以此来帮他将不良情绪发泄出来。例如，当孩子的玩具被小朋友不小心弄坏了，拿家里的沙发、柜子"出气"时，你可以蹲下身搂过孩子，安慰他："嗯，我知道你很难受，心爱的玩具被弄坏了，谁也会心情不好的，可是小朋友是无心的，他也不愿意让你难过。你再用劲踢桌子，那个玩具也坏了，没有用的，我们以后注意就是了。"让他知道不光他自己很难过，你也知道他的感受，这就给了孩子一种情绪上的支持。再告诉孩子即使再用劲踢桌子，玩具也坏了，这就让孩子明白闹情绪、发脾气是解决不了问题的，于事无补。

在这种换位思考式的教导中，既有效化解了孩子的负面情绪，又让孩子明白了一定的道理，知道以后再出现此类事情该如何"宽慰"自己，一句话，十分有利于孩子健全人格。

不过，只是帮助孩子调节情绪还不够，通常来讲，孩子产生负面情绪都有一定的原因，比如穿衣服没有穿好；玩具拆了装不上；东西藏哪儿忘记了；想吃的食物被人人吃了，还有因为自己的要求没有被及时得到满足，等等，总之总是有一定的原因。帮他找到正面积极的解决方法才能从根源上化解孩子的情绪问题。例如，如果孩子受了"欺负"，大人应该先对孩子加以安抚，等孩子情绪基本平静下来之后，再和孩子一起讨论和寻找解决问题的方法。下面这个例子就为我们提供了一个很好的方法：有一天，女儿从幼儿园回来，一脸不高兴，妈妈问她怎么了？她说班里有个小男孩在站队时老是挤她。妈妈问女儿："你认为他是故意挤你呢？还是无意中碰了你呢？"女儿想了想，肯定地回答说，他是故意的。妈妈又说："是不是他想做你的朋友，又不好意思说，也不知道该怎么表示友好，所以就碰你一下呢？他看你的拼音学得好，画画也很棒，他大概想要跟你学呢。"一席话，说得女儿气全消了，小脸露出笑容，她说："那我明天就去问他，他要是想做我的朋友，我就教他。"果然，女儿和那个淘气小男孩一来二去，成了好朋友。

这个妈妈的做法很令人赞赏——不去夸大矛盾，更不让孩子以牙还牙，去攻击对方。妈妈巧妙地化解了女儿的不快，还教给女儿从光明面看事物的正确视角。

当然，除了在孩子情绪发作时进行必要的引导外，我们更应该注重在平时培养孩子控制自己情绪的能力。

解决的好办法是延迟满足，即不要立刻满足孩子的要求，而是延迟一段时间再予以满足，让他学会等待，学会忍耐，学会自我约束。延迟满足最开始，是以恰当的方式拒绝孩子的要求，让孩子能接受要求在当下得不到满足的现实。比如，可以提前跟孩子说："爸爸一会儿可能很忙，有什么要求，需要等爸爸忙过了再提。"

通常情况下，孩子对等待感到很难受，不愿意等待，这时，大人可以给孩子提个建议，出个主意："这段时间你可以先去把恐龙王国的拼图拼好。""你把你放玩具的小柜子收拾好了，爸爸可能就忙完了，然后咱们再解决你刚才说的事情。"

延迟解决让孩子知道了很多要求不是提出来马上就可以得到满足的，是要受其他一些事情的限制和约束，比如通常要受时间的约束和限制，这样有利于孩子控制自己的负面情绪，促进自我约束和自我控制力的养成。

另外，我们大人自己一定要尽量保持好情绪，尤其要在孩子面前努力创造出一种良好的情绪氛围，多一些积极向上、乐观的、豁达的情绪，少一些消极、低沉、悲观的情绪，这种气氛会潜移默化影响到孩子，增强他们抵抗负面情绪的能力，使他们不再因为一点小事就陷入焦躁、烦闷、愤怒中，而是能积极勇敢地面对。

总之，如果孩子能做到不被负面情绪所困扰，甚至可以从负面情绪中汲取到积极向上的力量，化不利为有利，那么自然会增强内心力量，获得良好的人际关系，为日后走好人生之路做好铺垫。

▶ 自闭的孩子需要放开手脚

对情商不高的孩子来讲，特别是一些天生性格较为内向的孩子，交际能力弱，再加上内心不愿意与人交往，因此朋友很少，甚至几乎没有朋友，这就更需要我们加强对孩子人际交往能力的培养。

孩子出色的人际交往能力一定是在与同伴、成人的友好交往中，协调各种关系，建立和完善起来的。在这个过程中，孩子能逐渐正确地认识和评价自己，形成积极的情感，为将来积极融入社会，更好地适应社会打下良好基础。因此，大人一定要秉持正确的心态，放开手脚，让孩子走出家门多交朋友，多参加集体活动。例如，常带孩子到有小朋友的人家去串门。在孩子带其他小朋友到家里玩时，大人要表示欢迎，并让孩子热情招待。对孩子在共同玩耍、游戏中出现的争执，大人不要过早干预，尽量让孩子自行解决，使得他们获得与人交往相处的经验。

在孩子交朋友的过程中，大人一定不要动辄跟孩子说一些打消人积极性的话，打压、摧毁孩子的交往欲望。"那个孩子脏兮兮的，不要跟她一起玩！""少跟那些成绩不好的孩子交往！""不要搭理那些不三不四的人，他们没有一点可取之处！""妞妞家境好，爸爸妈妈很有钱，多跟她交往。"……大人的这些不当言论往往会让孩子不知所措，不知道是该按照自己的感觉来，还是该听大人的话。纠结中，孩子会认为与人交往很麻烦，就会本能排斥与人交往，把对渴望友情的心封闭起来，渐渐成为一个孤僻的孩子。

　　另外，还要注意的是，让大人在孩子与人交往的过程中放开手脚，不是意味着对孩子的交往不关注，任其发展，相反，要更关注，并给予适当的指点和帮助，包括教给孩子一些具体的社交方法，以利于孩子尽快融入人际圈子。

　　一般来说，可以从以下几方面培养孩子的交际能力：

　　1. 与人沟通的能力。

　　沟通在人际交往中具有非常重要的作用，不懂得沟通或者不重视沟通的人必定人际圈很窄，与他人的关系也缺乏和谐，因此一定要提高对沟通能力的重视和培养。可根据具体情况，有针对性地孩子进行语言训练，以提高孩子的语言表达能力。

　　幽默的语言技巧非常有助于缔造和谐的人际关系，增进人与人的交往，因此要尽力培养孩子幽默的心态，提高孩子利用幽默语言的技巧，可以多给孩子看看或读读幽默、有趣的故事，教育孩子学会用乐观的态度看待事情，在这个过程中，孩子幽默的心态和幽默的语言技巧慢慢就会培养和建立起来。

　　2. 团队合作的能力。

　　在现代社会，合作越来越突显出重要的作用。因为随着各种知识、技术不断推陈出新，竞争日趋紧张激烈，社会需求越来越多样化，这种情况下，单靠个人能力已很难完全处理各种错综复杂的问题并采取切实高效的行动，所以需要人们组成团体协作，共同来完成任务。

　　孩子的团队合作能力是孩子交际能力的重要体现，也是现实世界的需要。培养孩子的团队合作能力，可以经常带孩子参加集体活动，让他与其他人在活动中增强联系，协作做事。孩子会在集体活动中获得快乐感、成就感、满足感，他的潜意识就会认为，团队合作很快乐，这样就会越来越喜欢集体活动，从而为在集体活动中获得能力的增长提供了可能。

3. 演说能力。

现在的社会越来越注重口才能力，好的口才能力是人受益一生的财富。演说能力是口才能力中重要的一种，出色的演说能力可以让孩子尽快得到他人的认同，受到他人的欢迎，因此，要努力培养孩子出色的演说能力。

培养孩子出众的演说能力应鼓励孩子在公共场合大胆说话，勇于表现自己。可以多给孩子讲一些演说家的事来激励孩子演说的热情。条件许可的话，给孩子找专门的培训机构教授孩子演讲技巧，总之要多管齐下，在鼓励起孩子演讲热情的同时，教会孩子演讲的技巧，还要多创造实际演讲的机会，使孩子的演说能力在实践中得到提升。

▶▶ 网瘾的孩子需要抵制诱惑

网络的诞生，对人们的工作和生活产生了极为深远的影响，但同时，也给教育带来了新的难题。越来越多的孩子沉迷在虚幻的网络世界里，于是：他们厌倦学习，从课堂里逃出来；身体状况越来越差，视力急剧下降；造成心理危机和人格障碍，产生攻击型人格障碍、偏执型人格障碍、抑郁症和多重人格等。部分孩子基于人格障碍而产生行为偏差，导致偏激行为出现，比如受网络暴力游戏的影响，在现实社会中遵循游戏法则，使用暴力解决人际关系的矛盾和冲突。还有，由于孩子没有经济来源，无力支付网络消费，却又无法抵制上网的诱惑，不得已走上诈骗、抢劫的犯罪道路。

对此，大多数家庭和学校都是以惩罚为主，有些家长甚至会采取一些极端方式。但是这样做只能起到表面作用，治标不治本，有时甚至治标也做不到，因为，极端的方式往往引来极端的反应，孩子会因大人的打骂而变得消极、暴躁、不自信，甚至会采取各种手段与大人对抗，最后变成了难以管教的"问题孩子"。

其实，孩子沉迷网络，说到底就是缺少自我约束能力，这也是情商的一个重要内容。大文学家高尔基有一句名言是这样说的："哪怕对自己一点小的克制，都会使人变得强而有力。"一个人如果拥有了很好的自控力，就能够保证人的活动经常处于良性运行的轨道上，从而可以积极、持久、稳定、有序地实现一个又一个目标。

因此，要想将上网成瘾的孩子从虚拟的网络世界中"拉"回到现实世界，可行的办法让孩子自己可以禁得住诱惑。当然，这还需要社会、学校和家庭三方面的共同努力。

首先，不要轻易给孩子贴"标签"。

一个人如果被别人下某种结论，就像商品被贴上了某种标签。当被贴上某种标签时，往往会促使这个人的行为往所贴的标签内容靠近，这种现象称为"标签效应"。因此，即使孩子放不下手机、电脑，也不要轻易给孩子贴"网瘾""网恋""网虫"等标签，更不要说"自闭""问题孩子"等字眼，这样的字眼不仅容易伤害孩子的自尊心，而且会适得其反，使事情复杂化。

其次，保持平等对话，树立科学上网观。

　　孩子上网成瘾，也不要急功近利，简单粗暴地阻止孩子接触网络，否则会适得其反。正确的做法是要科学引导孩子有节制、有目的地上网，这样才会让孩子慢慢戒掉网瘾。

　　这里有一个"谨慎放手、看住钱袋、挡住'黄虫'、保住眼睛"的 16 字方针，只要可以做到这几点，就可以给孩子"网开一面"了。

　　谨慎放手，说的就是一个"度"的问题，既不可放任自流，又不可管得太严。在孩子有了一定的识别能力后，和孩子共同制订上网条约，你可以适当放手了。例如：只能进指定的几个网站，不允许私自上别的网站；不可暴露自己的真实身份；不要跟陌生的网友见面；不要将你的地址、电话或学校名称告诉陌生人，等等。

　　看住钱袋，主要是指孩子去网吧上网的问题。因为孩子一旦进了网吧，情况就复杂了，他干什么你一点不知道，会跟什么人交朋友，染上什么恶习，你更不清楚。看住钱袋，也就杜绝了这些问题。当然，这其中还包括一个计费游戏的问题。你可以推荐孩子玩一些免费的益智小游戏，这样，既满足了孩子爱玩的天性，又不容易沉迷，有些甚至可以让孩子从中学习如何解决问题。比如很多孩子缺乏必要的挫折教育，受不得委屈，给他多玩些闯关、竞赛类的小游戏，让他们学着接受挫折，变得坚强，进而知道通过自己努力，完全可以克服困难，找到解决问题的办法的道理，再比如一些孩子缺乏耐心，那家长可以给他选择一些类似迷宫和拼图类的游戏，学过下棋的小朋友还可以选择围棋、象棋之类的小游戏。

挡住"黄虫"，是说网络内容良莠不齐，一些暴力、色情、反动的信息也混杂其间，凭借孩子自己的是非判断力、自我控制力和选择能力，往往不足以抵御这些信息的不良影响，孩子的身心健康难免受到危害。对于这一点，我们可以尝试用下面 3 种方式从技术上来保护孩子，虽然不能百分之百完全杜绝"黄网"，但在一定程度上却是可行的：一是最常见的下载保护软件，可以自动屏蔽该软件过滤名单中的网址；二是可安装相关软件，指定可以登录的网址。这样，上网者除了这几个网址，其他的网页均不能打开；三是给自己的电脑加把"时间锁"。即你可设定电脑可使用的时间，也可设定电脑可供上网的时间。这样，你不在家时，孩子就无法打开电脑，或是无法上网。此举可尽可能地让孩子上网时，在大人的监控范围之内。

保住眼睛，这一点说的就是要注意劳逸结合。针对这一问题，我们的建议是：电脑屏幕调至与孩子的视线平行或者稍低，椅子太大时，可以在椅背处放个靠垫，增加舒适感。再有，不要让孩子在黑暗的房间使用电脑，大概在半个小时后，要让孩子走出去，看看绿色植物，眺望一下外面，领孩子做做幅度稍微大些的伸展运动。还有，每次用完电脑后，要提醒孩子洗手、洗脸，多吃蔬菜水果补充维生素，一定记得要多喝水。如果这能让孩子养成习惯，对以后一定是很有帮助。

再次，培养正当爱好，转移兴趣点。

用"技术手段"阻止，不如帮助孩子建立起一道内心的防护墙。例如，当孩子上网成瘾后，大人要端正态度，予以孩子最大的包容。对孩子表现出来的一些积极行为要给予肯定，对孩子正当的爱好和特长进行有意识的培养，满足他们的好奇心和求知欲，以此来弱化网络对孩子的吸引和影响，把他们引向现实生活和学习中。

另外，不要让孩子一直处于相对封闭的环境中，要鼓励孩子多参与现实活动，多与小朋友互动交流，多参与各种有益身心健康的兴趣班，这样既可满足孩子喜欢玩乐的天性，释放来自生活和学习的各种压力，又可帮助他们远离网络诱惑，减少沉迷网络的机会。

此外，与孩子保持充分沟通很重要。不让孩子的情感空虚，他们也不会选择网络作为精神寄托。

最后，还有重要的一点，就是在上网问题上大人也要做孩子的好榜样，有些大人自己就很沉迷网络，那又怎能要求孩子不如此呢？

总之，对一个孩子来讲，如果童年时能禁得住一个手机、一台电脑的诱惑，那么在其成年以后，必然就能经受住更多、更大的诱惑，也必然有更大的可能成为一个有出息的人。

第六章

有教养才能有涵养
——孩子的人格既需要"教"，也需要"养"

教养，就是圆满的人格。

——日本思想家池田大作

世界正在悄悄奖励有教养的人

现在社会，从来就不缺才华横溢的知识分子，也不缺锦衣玉食的富贵人家，缺的是一种高贵得体的家庭教养。

教养，在英文中写作"manner"，指的是礼貌、规矩、态度、风度、生活方式、习惯等。英国人认为，有教养实际上是绅士的一个象征。在我们当今的文化中，更多被归类到"礼仪""素质""道德"一类，指一个人有爱心、尊重他人、做事有分寸、善解人意、温文尔雅、注重细节、关心他人、心胸宽阔并发自内心、正派真诚、光明磊落，等等。

一个孩子可以不聪明，可以不可爱，甚至也可以没有远大的理想，但是不能没有教养，如果任其恶劣的行径一直发展下去，甚至直到孩子成年以后，将彻底成为他人格的一部分，那时，他将注定会成为这个社会摈弃的废品。

▶▶ 别让孩子"有教育却没有教养"

看着孩子一天天成长，受到的文化教育越来越多，我们一定是内心万千欣喜的。但你别忘了，不管你对孩子有多么周详、细密，甚至堪称完美的规划，他最终的成才、成功都离不开一点，那就是——良好的教养。如果忽视了这一点，就会使孩子成为"有教育却没有教养"的人。

一对中国夫妻带着自己 6 岁的儿子前往美国洛杉矶度假，但自从飞机起飞，孩子对于邻座日本籍华裔男子的骚扰便一刻都没有停止过。对方在礼貌地请求孩子的父亲管教孩子无果后，忍无可忍，双方扭打在一起，直到乘务员赶到将两个人分开。

相信类似的熊孩子事件我们已经见怪不怪了，而我们没见过的是：飞机落地后，迎接熊孩子一家的是庞大的执法人员阵容：FBI、机场安保以及边防安全等 20 多名执法人员。经过调查，因为熊孩子的父亲率先动手打人，美国海关以故意伤害罪拒绝熊孩子一家的入境，并于次日凌晨遣返一家三口。

人们可以原谅小孩子因为体质脆弱，情绪敏感而造成的哭闹，但是却很难容忍公共场合一个半大孩子不停吵嚷，打闹，上蹿下跳，甚至对陌生人拳打脚踢……因为前者是孩子的天性，而后者是大人不加引导或制止的教养缺失。

让我们再来看一个完全相反的例子：故事源于央视新闻网上的一张照片，照片中一个小男孩和一位中年医生面对面互行鞠躬礼，画面单纯而美好感动了很多人。照片的背后是这样一个故事：

孩子叫军军，是一个才 3 岁的小男孩，因高烧不退被父母送入医院治疗，当时他意识模糊，四肢抽搐，牙关紧闭。接诊医生正是画面里的杨惠琴，治疗过程中，为防止孩子的牙齿咬伤舌头，她将自己的手指垫在孩子的牙齿之间。半小时后，杨医生的手指被咬得发麻，但军军的病情好转了。

两天之后，军军来复查，父母告诉军军，他的病是由杨医生治好的，示意孩子向杨医生表示感谢。只是没想到，军军的感谢方式如此出人意料，那就是一个深深的鞠躬，杨医生被孩子的可爱和真诚感动，也随即弯下腰来，行鞠躬答谢礼。

这张照片，除了给人感动，还让我们从孩子的身上发现了另一种光芒，那就是教养。

有人说："如果你失去了今天，你不算失败，因为明天会再来。如果你失去了金钱，你不算失败，因为人生的价值不在钱袋。如果你失去了文明，你是彻彻底底的失败，因为你已经失去了做人的真谛。"

教养的作用不言而喻！孩子长大走向社会，走向世界，教养——即那些在一举手一投足间就会说明一个人的人格修养的东西，是需要孩子在早期教育时候就打下根基的。离开教养的教育是悲剧，只有重视教养的教育才能实现培养全面发展人才的目标，才是完整意义上的教育。

▶▶ 你给孩子的教养，就是他以后的人生

有教养的孩子，能够约束自己的行为、言谈；没教养的孩子则以自我为中心，对礼仪和规范不屑一顾。有教养的孩子，能够在不经意间展现出良好的风度，宽容、大度、慷慨、诚信；没教养的孩子则狭隘、自私、虚伪、做作。有教养的孩子，能够以正面的态度对待生活、看待金钱；没教养的孩子则贪恋虚荣、放纵而媚俗。

熊孩子当道的时代，夸一个孩子有教养，恐怕就是对他最高的奖赏了。事实上，世界也正在悄悄奖励着有教养的人。

青年报就曾刊载过这样一则消息，说重庆某公司同一时间共招聘了21名大学生，而就在后来不到四个月的时间里，该公司又陆续将其中20名本科生开除，唯一一名大专生却被留了下来。

这个看似匪夷所思的结果，实则是社会规则下的一种必然。原来，这个公司有个老员工深知的公开秘密，那就是将教养作为考核新员工的首要指标。被开除的大学生并非能力和水平的问题，他们只是或目中无人，或迟到早退，或自私自利无集体精神，有的甚至仅仅是在餐厅里大声喧哗乱扔垃圾，等等。而留下来的那一位，则正好没有这些不良习惯，他个性谦和，自尊自律，懂得保持个人形象又维护集体利益，该公司给他的评价是：一个有教养，可发展的人。

你给孩子的教养，就是他以后的人生。良好的教养，让孩子在人际交往中更受欢迎，他们能够建立良好的人际关系，易于为自己营造良好的成才环境，更容易在职业生涯和私人生活中取得成就。

然而，很多父母竭尽全力，只为了给子女创造更好的物质生活，却疏忽了给孩子最基本也是最必要的教养。一个孩子如果缺乏教养，不懂文明礼仪，人们采取不欢迎的态度，又怎能发展事业、立足社会？给予孩子最好的物质条件，怎么比得上为他塑造一个端正的三观，良好的教养才是他以后立足社会的有力根本。

▶▶ 孩子的教养就是大人的一面镜子

有这样一个故事：早高峰期间，一群行人在十字路口焦急地等待对面的红绿灯，一个 10 岁左右的小女孩背着书包站在人群的最前面。这时，一位年轻的母亲骑着电动车载着孩子飞快地经过，险些撞倒了小女孩。

年轻的母亲作何反应呢？道歉？询问？送女孩过马路？……都没有。她用一只脚撑着地，表情狰狞地来了一串流利的教训，总之，小女孩千不对万不对，不应该出现在这个时间，这个地点，小女孩成了她的阻碍，她今天的霉运，完全是因为小女孩的出现。教训完小女孩，年轻母亲回转身，眼神从凶神恶煞倏忽变得和蔼可亲，她温柔地询问自己的孩子有没有被吓到。孩子轻轻摇头。放心之后，年轻母亲恶狠狠地丢下一句："以后注意点，真是没教养！"

也许，那位母亲也没少教育自己的孩子要讲文明，懂礼貌，但在实际行动中，却没有给孩子做出好的榜样，用行动去感染孩子。但所谓"身正则不令而行，身不正则虽令而不从"。这样的母亲，又怎么能教育出有教养的孩子呢？

孩子的教养其实就是大人的一面镜子。所以，给孩子最好的教养就是为他树立一个有教养的好榜样。

然而现实生活中，向上文中那样马列电筒只照别人不光顾自己的现象并不少见。例如，有的家长带着孩子，一边嗑着瓜子，一边把瓜子皮随手丢在地上。有的家长在公交车上吃完零食后，将用过的手纸、食品包装袋等随手丢出车窗外。这种看似寻常的小事，其实都会对孩子造成不良的影响。

漫画家几米有一本漫画，叫做《我的错都是大人的错》：

"有些父母喜欢教训孩子：吃得苦中苦，方为人上人，但他们自己吃尽了苦头，好像也没变成人上人……"

"前天你说过的话，昨天你忘了。今天你答应的事，明天你也不会实现。你说后天我们再一起去赏花赏鸟吧！我摇摇头，后天的花明天就谢了，鸟儿早就飞去无影踪……"

"大人总喜欢对小孩说：永远永远不要放弃梦想。但是为什么放弃梦想的都是大人？"

……

这些既简单又直白的语言，一针见血地说出了现代育人者的矛盾：我们只注意言教，却没有注意身教的作用。

人们总在说：道理听了千千万，却依然过不好这一生。为何？光听道理没用，光讲道理也没用。什么才有用？行动。只有实实在在去做，做一个有教养的大人，用行动来引导孩子，孩子才会真正成为一个有教养的人。

所以，当你很头痛，为什么跟孩子说了一遍又一遍，他还是记不住时，就要反思下自己是否只重言教，而忽视了身教。如果你希望孩子能够总是把"谢谢"和"请"挂在嘴边，那么你必须自己先这样做，自己经常说这些礼貌用语才行；如果你希望孩子能够尊重别人，那么你必须自己给孩子和身边人足够的尊重才行；如果你希望孩子诚实守信，那么你必须自己兑现承诺，做一个守信的人……总之，你的一言一行都在潜移默化地影响着孩子。以身作则，言行如一，为孩子做个好榜样，才能引导孩子在正确的轨道上前行。

孩子，你有教养的样子真美

小学二年级语文中有这样一篇课文——《三个儿子》:

三个妈妈在井边打水，一位老爷爷坐在旁边的石头上休息。

一个妈妈说:"我的儿子既聪明又有力气，谁也比不过他。"

又一个妈妈说:"我的儿子唱起歌来好听极了，谁都没有他那样的好嗓子。"

另一个妈妈什么也没说。老爷爷问她:"你怎么不说说你的儿子呀?"这个妈妈说:"有什么可说的，他没有什么特别的地方。"

三个妈妈打了水，拎着水桶回家去，老爷爷跟在她们后边慢慢地走着。一桶水可重啦! 水直晃荡，三个妈妈走走停停，胳膊都痛了，腰也酸了。

这时，迎面跑来三个孩子。一个孩子翻着跟头，像车轮在转，真好看! 一个孩子唱着歌，如黄莺出谷，真好听。三个妈妈被他们迷住了。

另一个孩子跑到妈妈跟前，接过妈妈手里沉甸甸的水桶，提着走了。

一个妈妈问老爷爷:"看见了吗? 这就是我们的三个儿子。怎么样啊?"

"三个儿子？"老爷爷说，"不对吧，我可只看见一个儿子。"

孩子，你可以不会翻跟头，也可以不会唱歌，但绝不可以没有教养。你有教养的样子，必是世人眼中最美的风景。

▶▶ 优秀而不骄傲是最大的涵养

美国著名发明家爱迪生说："谦虚不仅是一种装饰品，也是美德的护卫。"19世纪的英国浪漫主义作家史蒂文森也说："善良和谦虚是永远不会令人厌恶的两种品德。"在我们的骨子里，谁都希望认识比自己层次更高的群体，同时也更喜爱接受他们当中说话谦虚的那部分人。可见，一个优秀而不骄傲的孩子是多么可贵。

然而，对于孩子来说，当他们具有某方面的特长或学习成绩很好时，对自己也会更为自信，但由于年龄及阅历的关系，这种自信很快会变成自大和骄傲。而当一个孩子把自己深锁在"高傲"的心理王国里时，他们的心胸会变得狭窄，同时还会表现得很不礼貌。这对人格成长中的孩子来讲是十分不利的。

作为育人者，我们的责任就是教他们把握自信与自大之间的尺度，让孩子可以做一个优秀而谦虚的人。

平衡孩子的心

人都有优势和劣势，一个正常的孩子，他在对待自己优势和劣势的时候，会有一个平衡的心态，这就是不卑不"狂"。当这种优势和劣势在一个人心中失衡的时候，那么他就会表现出狂傲或自卑。

所以，在纠正孩子的骄傲心态时，我们可以想办法来削弱孩子心中的那份优势，使他在心里没有自持的筹码。

削弱孩子心中的那份优势，不是去打击孩子，而是使孩子认识到他人的优势。也就是说，在孩子的心理上缩短他认为其他人与他的差距，认识到他所轻视的人的优势。这样，这才能彻底解决孩子骄傲的心态。

一位母亲曾经这样谈起自己的育女经验：我女儿是班里公认的小才女，她不仅学习成绩优秀，在唱歌、跳舞方面也很有天赋。这让女儿十分得意，常常不把同学放在眼里。尤其是她的同桌，由于学习成绩不好，女儿更是看不起她，常常说她笨。有一次，女儿又这样谈论她的同桌，我对女儿说："每个人都有自己的优缺点。比如，在学习方面，你要比她强，但是在体育方面，你却赶不上她，我没说错吧？"我的话让女儿低着头思索了好半天，从那以后，她再也不说她同桌笨了，而且，我也没有听她说过其他人类似的话，她也不像以前那样骄傲、自满了。

事实上，没有一个人真正拥有骄傲的资本，因为不管是谁，即使他在某方面的造诣很深，也不能够说他已经精通一切，天下无敌了。当孩子能看到他人优点的时候，这就淡化了自己心理的优势。换句话说，面前的人在自己的心中有了"优势"，谁还会再瞧不起呢？这种"平衡孩子的心"的办法，会从根本上剪去孩子骄傲的羽翼。

少些表扬的话

我们提倡赏识教育，但绝不鼓励浮夸的赞美。如果大人对孩子的奖励赞扬言过其实，过分夸大，频繁使用，就会给孩子造成一种错觉，认为自己完美无缺，使孩子渐渐形成自以为是、得意忘形、骄傲自负的不良品格。同时，还容易使孩子为了得到表扬而表现好，长大后个性表现倾向为他人取向，使自己的言行表现受制于他人的赞扬。更为严重的是，过多的奖励、表扬还会使孩子心理承受能力差，经受不住批评与挫折。

被称为天才的小卡尔之所以一点也不骄傲，就是因为老卡尔的一条教子原则——禁止任何人表扬他的儿子。

在《卡尔·威特的教育》一书中老威特这样写道：有一次哈雷的宗教事务委员赛思福博士对我说："你的儿子骄傲吧？"我说："不，我儿子一点也不骄傲。"这时他一口咬定说："这不可能，像这样的神童如果不骄傲，那你儿子就不是人。一定骄傲，骄傲这是很自然的。"事后我让他看看儿子。他们谈了很多话，一会儿他就完全了解我儿子了，并对我说："我实在佩服，你儿子一点儿也不骄傲。你是怎样教育他的呢？"我让儿子站起来让他把我的教育方法讲给赛思福博士听。听后他服气了说："的确，如果实行这样的教育，孩子就不可能骄傲，真是佩服。"

太优秀的孩子经不起表扬，表扬过多往往会导致孩子骄傲自满心理的产生。因此，老卡尔有意识地避免表扬孩子，就是怕孩子滋长骄傲自满情绪从而毁了他的一生。

当然，不表扬只批评更不对。否则，就会使孩子以为自己处处不行，什么也干不好，从而过低地估计自己的能力，做什么事都畏手畏脚，因害怕出错而不敢大胆尝试，不敢向困难挑战。有些孩子觉得自己一无是处，索性破罐子破摔，不求上进。

那么，我们应该如何对孩子进行奖励和惩罚，才能达到最佳使用效果呢？

这里一个重要的原则就是"罚三奖七"。不管是对孩子奖惩方式使用上的分配比例，还是在每一次具体实施奖惩时，都适用。即在教育孩子方面，要以鼓励为主、三分批评，七分奖励。同时，在表扬奖励时，还要指出孩子的不足，以防止孩子骄傲；在批评惩罚时，也要肯定孩子的优点，以防止孩子自卑。

▶▶ 一两重的坦诚，胜过一吨重的聪明

曾经有人在企业经理人员中做过一个这样问卷调查，题目有两个：一是"你最愿意结交什么样的人"；二是："你最不愿意结交什么样的人"。调查结果是：在"最愿意结交"的人中，"正直诚信的人"排在了第一位；在"最不愿结交"的人中，"不正直不守信的人"排在了第一位。可见诚信之重要。

而对于孩子来说，他们的本性就是天真而坦诚的。正所谓"茄子不开虚花，小孩不讲假话。"由于涉世未深，孩子完全不通人情世故，他们心里想什么就会说什么、做什么。所以，不把孩子的这种天性抹杀，就是给他最好的教养了。

《羊城晚报》上登载过这样一件事：作家北野到英国朋友家做客。这位朋友有个三岁的孩子，非要跟北野一起洗澡。北野就敷衍他，你先洗，我一会儿就去。等阿姨给孩子洗完澡后，因为北野没去，孩子就哭了，说北野欺骗他。孩子的妈妈当即就跟北野急了，责问他既然已答应和孩子一块洗，怎么又骗了孩子呢？

这件事对作家北野触动很大，因为他马上想到，倘若是中国的妈妈，差不多都会对孩子说："乖乖别哭，妈妈给你买糖吃。听妈妈的话，妈妈给你买汽车、飞机……"至于自己对孩子的承诺

是否真兑现，那就是另一回事了。在这种受骗的环境中长大的孩子，诚信观念必然淡漠。在这样的养育方式下，孩子将来必然形成这样一种人格：多疑、猜忌、对别人充满戒备、骗别人心安理得。

谚语有云：一两重的坦诚，胜过一吨重的聪明。我们与其把成人世界里的那一套"八面玲珑"之术教给孩子，不如让他们保持天性，坦诚待人。或许将来这就是孩子安身立命的重要"品牌"。

当然，没有行为上十全十美的孩子，事实上，童年的一大部分时间是用来学会拨错为正的方法。你最好用缓慢行走来帮助孩子学会辨别是非和养成坚实的道德推理能力，也会养成良知与诚实的习惯。

例如，孩子要和朋友去玩，你交代他"可以去，但是5点一定要回来"，然后送他出门。可是，5点了孩子却没有回来，超过了约定时间20分钟后，孩子才回到家。

相信不少人会在这种情况下一味地责备孩子不守约定。"说好5点回家，就应该准时回家！下次再不守约定就不准出去玩。""为什么不遵守约定，说好5点回来就要5点回来，老是说谎怎么成为有信用的人！"你说的当然没错，但是却毫无意义。"不可以不守约定"，"说谎不能成为有信用的人"，这是不需要叮咛孩子也知道的道理。

其实问题的关键是孩子如何才能遵守约定，这才是成人应该提出建议的部分。实际上，孩子很清楚地知道"5点要回家"，可是玩过头就忘了。这时，不要指责孩子不守约定，而是要和孩子一起思考如何才能遵守约定，让孩子戴 5 点钟会鸣叫的手表出去玩，或说"5 点钟我去接你"也可以，或者告诉孩子："下次去朋友家玩，如果约定的时间不能回来，要打电话跟爸爸妈妈说。"教孩子一些具体的方法，让孩子可以在约定的时间内回家，这才是教育。

在培养孩子坦诚的品质方面，我们还有一些建议：

一是将道理故事化。孩子年龄小，只有把道理具体化、形象化、趣味化，孩子才能接受。可利用故事，把做诚实人的道理寓于故事之中，使孩子明白什么是诚实，什么是虚假和欺骗，应该怎样做，不该怎样做。

二是满足孩子合理的要求和愿望。让孩子意识到自己需要的东西，只要是合理的，家庭又是力所能及的，是会得到满足的。这样可避免孩子因需要不能满足而把别人的东西随便拿而又不告诉大人和小朋友的情况。

三是制定一些规则并严格要求。给孩子定下一些规则，如：不是自己的东西不能带回家，没有得到别人的同意，不可随便拿别人的东西，借了人家的东西要及时归还，有了错要勇于承认，凡是答应别人的请求就一定要想方设法去做好等。这些规则一经提出就要严格执行，态度坚决，切不可迁就、姑息孩子的错误行为，尤其要重视克服"第一次"出现的问题。

当然，惩罚的方式也必须正确。切不可急躁、粗暴，甚至施加压力，进行打骂、体罚等，这样只会适得其反，造成孩子为了躲避责罚打骂而说谎。细致、耐心、冷静地听听孩子的想法，分析原因，对症下药，孩子才有可能逐渐形成言行一致、表里如一的好品质。

▶▶ 卫生习惯是教养的标志之一

随着社会整体卫生意识的增强，越来越多的人将卫生习惯作为衡量一个人是否有素质、有教养的基本标志之一。

事实上，教养就是一种因教育而养成的优良品质和习惯，它是一些习惯的总和，良好的习惯久而久之会成为一种自觉的行动，内化为教养。

就卫生习惯而言，无论对个人还是整个社会都有无比重要的意义，一个人如果不注重个人卫生，必定会影响到他人对自己的印象，以致影响今后的人际关系与个人发展。

例如下面这个真实事件：有一个食品公司和外商洽谈一个合资项目。项目基本上谈妥了，只剩下最后举行签约仪式。外商提出参观一下工厂。公司总经理带着外商在打扫得干干净净的厂房里转悠，外商看得频频点头，很是满意。突然，西装革履的经理觉得喉咙里痒痒的，他咳了一下，随地吐了一口痰。外商皱了皱眉头，一会儿便告辞了。回去后，他通知中方说，签约仪式取消了，原因很简单，就是因为总经理的那一口痰。他说：生产食品需要严格的卫生措施，如果公司的管理者都有这样不好的卫生习惯，那么整个公司的卫生习惯就可想而知了。

我们再看一个完全相反的例子：刚刚大学毕业的福特到一家汽车公司应聘。一同应聘的几个人学历都比他高，在其他人面试时，福特感到没有希望了。当他敲门走进董事长办公室时，发现门口地上有一张纸，很自然地弯腰把他捡了起来，看了看，原来是一张废纸，就顺手把它扔进了垃圾篓。董事长把这一切都看在眼里。福特刚说了一句话："我是来应聘的福特"。董事长就发出了邀请："很好，很好，福特先生，你已经被我们录用了。"这个让福特感到惊异的决定，实际上就源于他那个不经意的"捡废纸"的动作。从此以后，福特开始了他的辉煌之路，直到把公司改名，让福特汽车闻名全世界。

而不管是好的还是不好的卫生习惯，都一定是从小养成的，从现在树立起孩子讲卫生的意识，会使他们终生受益。

但许多成人会觉得，让孩子讲卫生根本就是一件很困难的事情。几乎所有的孩子只要一玩起来就会把自己弄得脏兮兮的：伸出乌黑的小手拿过一块饼干就啃了起来；穿着刚蹭上泥的脏裤子就一屁股坐在了床上；袖口就是他永远的鼻涕纸……

那么，如何教会孩子讲卫生呢？怎么样让孩子明白讲卫生的重要性呢？

如果读过《三国演义》，你一定记得书中诸葛亮对孙权使用激将法的故事。曹操大军即将进攻东吴和刘备。诸葛亮会见孙权，劝他投降。孙权反问诸葛亮：你们刘皇叔为什么不投降？诸葛亮说，刘皇叔是皇室正统，即使战死，也不能投降曹操狗贼啊！一句话大大刺激了孙权的自尊心，发誓要与曹操决一死战。

在心理学上，通过反向刺激促使被刺激者做正向的行为的心理效应，叫做"激将效应"。孩子的好胜心一般都比较强，其实，我们也大可利用这一点，用激将法促使他养成良好的卫生习惯。比如，你可以在他的身边树立一个讲卫生、爱清洁的孩子做榜样。有一个曾经对女儿的邋遢束手无策的妈妈，一次暑假，把女儿的小表姐接过来玩。小表姐是一个爱整洁的小姑娘，自从她住进来之后总是把她们住的小房间收拾得整整齐齐。暑假过去了，妈妈惊奇地发现，原来那个邋遢的女儿不见了，她变得和小表姐一样爱整洁了。而这个小姑娘之所以改掉了邋遢的坏习惯，并不是因为大人的说教，而是靠同伴的影响。因为孩子虽然年龄小，但是他和我们大人一样能感觉到环境或别人给他的心理压力，当他身边的小伙伴是爱干净、爱整洁的人的时候，他会在比较中感受到自己的不足，自觉的改正自己的毛病。

值得注意的是：这个过程应该是潜移默化的，成人最好不要直接拿他与同龄的孩子相比。因为这实际上是孩子自己给自己的一种心理压力，如果你跟他说，你就比不上隔壁的谁谁谁，本来想激发他，却反而可能打击了他。

不过，利用身边榜样"激"发孩子的卫生习惯，这样的做法并不能从根本上让他们改正自己的毛病，当同龄人消失的时候，他有可能会有反复。但是只要他现在的行动比过去的表现要好就是进步。即使孩子又出现以往的毛病了，成人也不要忙于指责，要耐心地和他聊他表现好的时候的做法，对他那时的表现予以赞扬，孩子在得知成人的态度之后就有可能恢复正确的做法。

当然，在培养孩子良好卫生习惯的同时，我们也要检讨自己的做法。有的孩子不讲卫生，其根源就是来自对成人的模仿，成人自己不讲卫生、随地吐痰、上完厕所不洗手、家里常常是一片狼藉，孩子自然是有样学样。因此，为了孩子的健康成长，成人也有必要改掉自己不讲卫生的习惯。

当然，这些只是从方法而言，我们还必须让孩子真正地理解讲卫生的重要性，这样才能从根本上培养出他们讲卫生的好习惯。比如，成人可以带着孩子观察显微镜下的细菌，告诉他那么多的细菌，万一吃进了肚子，会给身体带来许多疾病。我们要让孩子明白，养成讲卫生的习惯，不仅是为了自己，也是为了家人，更是为了身边的每一个人，当他意识到讲卫生的重要性时，自然就养成了讲卫生的好习惯。

▶▶ 勤俭节约，任何时候都不会过时

在新上市的股票可以一天涨好几倍的时代，再谈勤俭节约似乎有些奇怪。但当你重新审视真正的富豪，会发现历经千锤百炼的古老法则似乎仍是致富的金科玉律。例如，世界最大的零售业集团——沃尔玛的创始人塞姆·瓦尔通，在其自传《美国造》一书中这样警告他的后代：子孙当中要是有谁胆敢玩弄纨绔子弟的那类奢侈品，我到地狱里也要起诉他。足见他对奢靡厌恶之深。

事实上，不管到了什么时候，节俭的观念都不应该过时，它是人类发展到一定文明程度的一种教养，一种信仰。虽然现在家庭生活相对比较宽裕，大多数人都不缺吃，不缺穿，不愁没钱花，但这并不意味着我们就应该随心所欲地支配或挥霍。物足其用则可——俭朴可以使你在最大程度上享用生活，没有必要为了满足自己或他人的虚荣心而任意奢侈浪费。

但节俭习惯的养成，可不是一朝一夕的事情，这是一个日积月累、循序渐进的过程。在这个过程中，成人需要不断地给予孩子鼓励、引导和支持，还应该通过种种途径，让孩子体会劳动的辛劳，财富来之不易。孩子明白了大人的艰辛，才会真正懂得美

好的生活来之不易。这样，既能让他更有孝心，又可以激发他的上进心，为了不让大人更辛苦，他会努力学习，以示回报。

例如，父母可以偶尔带着孩子去上班。因为如果孩子并不完全明白父母一天中在做些什么，他们当然也会不清楚父母不在的这段时间和他们在超级市场里买的糖果与这有何关系。当你的工作量不是太大时，带孩子去你的工作单位看看，能让他们有个小的收获。如果你的工作单位在正常办公时间，不欢迎孩子们来访，那么你可以在周末抽空带他们前去，这样他们才能想象出来当你不在他们身边时，你都在做些什么。

同时，我们还应该让孩子明白，他们将来要为自己的前途而不是为他人去从事工作。一位父亲看见几岁的儿子做作业马马虎虎，就对他讲："儿子，你必须自己做决定，如果你写得浮皮潦草，对与不对估且不说，老师可就要嫌你懒，对你发火，或者给你低分了。现在你觉得不重要，可到了你真正会做事的时候，觉得重要就晚了。你要记住，每个人都希望自己的所作所为能得到别人的赞许，可获得赞许的唯一办法就是认真对待工作。如果你认为它们无所谓，不在乎，当然，我和你妈妈不会因此失业，受损的只有你自己。"

不仅如此，成人还应该引导孩子在劳动中体会一分耕耘一分收获的道理。最好的途径就是教孩子做一些家务活，这样他就能体会这一点：他会知道如何把地扫得又快又干净；会掌握把窗和玻璃擦得光亮的技巧；会发现使衣服不打皱褶的秘诀……这些都是用劳动换来的。而且，更重要的是，孩子的收获除了学会勤奋和坚韧外，还能养成一种凡事都愿做、爱做和能做的可贵品质，这样的孩子将来才能热爱工作。另外，孩子将来工作中总会面对繁杂和琐碎的事务。而几乎所有的家务活动都有助于孩子学会精细、一丝不苟地做事情，这对孩子将来的工作也是有好处的。

在这个过程中，我们还必须让孩子理解：一个人干的活儿并不都是他喜欢干的，有些活儿只是为了达到某种目的而必须干的。对三岁的孩子，这可能意味着："如果我们一起把玩具收拾干净，我就有时间给你讲故事了。"对五岁的孩子可能意味着："如果你每晚把自行车放进存车处，车就不会生锈了。"对九岁的孩子可能意味着："如果你帮我浇浇花草，省我点儿时间，星期天我就可以带你去看足球赛。"并且还需要让他们懂得：未来的工作只是现在家务活的一种延续。所以，为了将未来的工作干得更出色些，就必须积极参与一些家务活。

这些做法不但能够使孩子知道金钱是从哪里来的，还能够培养孩子的劳动意识，使孩子知道珍惜金钱，避免孩子胡乱花钱，还能够帮助孩子学着用劳动赚取金钱，提高孩子的生存能力。

另外，在对孩子进行勤俭节约教育的过程中，我们还必须明确一点，那就是——节俭不是吝啬，该用的地方也要大大方方地用。

实际上，我们也有必要让孩子见识到金钱的美好，即让孩子了解爱心远比金钱重要的道理。现实生活中，我们时常见到这样的现象：好多人富得流油却为富不仁，充分表现出文学著作中描写的钱越多越是一毛不拔的势力嘴脸。可我们也见到许多并不富裕的人却闻困苦而落泪、见贫寒而伤神，奔走于各种慈善场合和捐款场所的温暖场面。这其中就反映了一个人品质的高低。

正如李嘉诚所言："如果我们只是一味追求金钱和权力，而置人类高尚情操于不顾的话，那么，一切进步及财富创造都将变得毫无意义。"因此，我们一定要将爱心融于对孩子消费观念的培养中，例如，妈妈可以带孩子参与一些捐助活动；在家庭组织集体活动时，让孩子作为一分子也得出点钱；再有，长辈过生日之类的家庭庆祝活动，也让他自己掏钱购买礼物馈赠，等等。这样，爱心，便会成为孩子身上一笔巨大的财富。当手中的金钱成为帮助他人的工具时，他们所收获的不仅是心灵的纯洁与温暖，还有使其一生都乐观、豁达、自信的力量，这能帮助孩子获得成功，并品味出财富人生的真正意义。

▶▶ 文明礼貌，体现孩子的文明程度

在一定程度上，文明礼貌反映出一个人的内在修养，体现出这个人的文明程度。在人际交往活动中，它们将会发生重要作用和影响，可有助于建立一个良好的人际交往关系网。毕竟，谁都喜欢和有文明素养的人来往。

而文明礼貌，同卫生习惯一样，归根结底也是一个习惯问题，而且，一旦形成坏习惯，再改就很难了。

但遗憾的是，这一人格品质常常被不少大人视为小节而忽视。他们认为小孩子天真无邪，长大了就会懂得文明礼仪的。其实不然，文明礼貌不是年龄决定的，一个不懂礼貌的孩子很可能会成长为一个不懂礼貌的大人。

事实上，与之相反，越是早帮助孩子建立好的习惯，越容易让习惯稳固，也就是说，恰恰是因为孩子还小，我们更加要注重

教他们从小懂礼貌、讲文明，这样才能让他们逐渐养成良好的行为习惯，并将其作为自己的"教养名片"，一生携带。

要教孩子学会文明礼貌，首先要让孩子明白都有哪些规矩和礼仪要遵守，比如：

不要有粗野、粗俗的行为。这个很好理解，举一个例子：孩子想玩一个小朋友手里的小汽车，在要求没有得到满足的情况下，就动手从这个小朋友手里抢过小汽车。这种行为就属于粗野的行为。显然这样的行为是不对的，要予以制止。大人要明确告诉孩子这样的行为是不对的，是不合规矩的，是要挨批评的。然后引导孩子采取正确的方法，如可以继续跟小朋友商量，让小朋友同意把小汽车借给他玩。这样的教育能够让孩子学会如何对待自己想要的东西，如何处理焦躁情绪，在这个过程中，孩子会不断地调整对事物的看法和自己的心态。以后，他也会用这套模式去对待周围的人，变得更加理性，变得知道为他人着想。

不要随便拿别人的东西。要帮助孩子建立自我意识，建立与他人界限的意识，在此基础上，教育孩子别人的东西是别人的，不可以随便拿，而自己的东西是自己的，要归自己支配。这样的规矩教育是最基本的道德和心态教育，这样孩子长大后才会更懂得尊重人。

先得到先使用，后来要等待。教孩子树立"先来先得，后来要等待"的规矩，一方面有助于帮助孩子跳出以自我为中心的藩篱，避免养成自私的毛病，另一方面可以有助于孩子强化珍惜时间的观念，这对孩子以后建立一个平等的交往模式打下良好基础。

打扰别人不礼貌，不可以打扰别人。孩子通常都有打扰别人的坏习惯，大人要有意识地告诉孩子."打扰别人是不礼貌的表现，不可以打扰别人。"可以先采用换位思考的方式让孩子知道打扰别人会给别人带来烦恼和不便，然后再给他立规矩。这样可以让孩子学会尊重他人，让他懂得别人在忙的时候不应该去打扰，而且在这个过程中，还学会了换位思虑，从而会更加善解人意，体谅他人。

当然，还有很多很多，包括亲切、和气、文雅、谦逊地说话和做事；正确有礼貌地称呼人；热情地招呼客人；正确地运用礼貌语言；能有礼貌地处理生活中的一些事……文明礼貌既是一种礼仪规范，也是社交技巧，更是人与人之间沟通的基础。对孩子的礼貌行为及时肯定赞扬，让孩子体验到礼貌行为带来的愉悦，那么他们讲文明懂礼貌的行为就会逐渐变成良好的习惯。

相反，如果孩子出现了违反社会规范和礼仪的行为，大人一定要及时予以纠正。比如，有些孩子喜欢说脏话、骂人。其实，孩子一开始对于事情没有是非对错的概念，他们说脏话都是无心的，也许只是从大人那里模仿而来，觉得好玩，就开始说脏话。但是没有得到有效制止，孩子说脏话才会逐渐转变为一种习惯，变成孩子缺乏教养的证据。

另外，鉴于孩子善于模仿的本能，大人就要以身作则，带头遵守规矩和礼仪，给孩子树立一个好榜样。通常情况下，有了父母、老师的陪伴，有了效仿的榜样，孩子也会较为容易地接受这方面的教育，努力做一个讲文明懂礼貌的好孩子。

你的修养，就是孩子的教养

我们必须承认，任何一种品格的形成都是有迹可循的。谦逊善良、彬彬有礼的好孩子身边，一定站着一位言行得体、举止优雅的家长；蛮横霸道、自私无理的熊孩子背后，绝对有一群于人苛刻、却对孩子万分宠溺的长辈。

因此，与其说给孩子教养，不如说提高自己的修养。因为你的修养，就是你孩子的教养。你的现在，很可能就是你孩子的未来。

▶▶ 优秀的家风中孕育优秀的孩子

什么是家风？家风其实是一种潜在无形的力量，它由家庭成员的态度、行为及舆论所营造，存在于家庭日常生活中，表现在成年人处理日常生活各种关系的态度和行为中。它虽没有文本要求挂在墙上，没有条目细则放在床头，但却在无形和潜在地发挥着教育功能，对孩子有着耳濡目染、潜移默化的影响。孩子的世界观、人生观、性格特征、道德素养、为人处世及生活习惯等，每个方面都会打上家风的烙印。

可以说，有什么样的家风，就有什么样的孩子。有一则资料说，美国有两个家族，一个是爱德华家族，爱德华是位德高行洁、博学勤勉、多才严谨的人。他的后辈儿孙受到他奠定的家风的影响，取得了非常大的成就——有十三位大学校长，一百多位教授，八十多位文学家，六十多位医生，还有一人当过副总统，一人当过大使，二十多人当过议员。而另一个珠克家族，该家族的主人珠克是个酒鬼、赌徒、无赖，终生浑浑噩噩。他的子孙后代，三百多人是乞丐、流浪汉，四百多人因酗酒致残或死亡，六十多人犯过诈骗、盗窃罪，七人是杀人犯，后代中没有一个是有出息的。

可见，一个家庭或家族，其家风的好与坏、正与邪，那是有长远影响力的，那是有强大渗透力的，它会长远地影响到许多代后人的成长。

所以，在家庭中，重视家风的建设与传扬，让孩子从小生活在优秀家风之下，应该是每位父母都要为之努力的目标。你的家庭要形成良好的家风，就要从现在做起，从自己做起。请你立刻这样做：从建立家庭开始，你需要召开一个全体家庭成员会议，讨论制定一个全体成员同意的家规。从我国优良的传统道德和古代家训、家风中，特别是从许许多多的革命家庭中，结合我们现代社会生活和家庭美德的要求，我们可以认识到，一个文明、和谐、健康、向上的家风，一般要包括以下几个方面的内容：尊老爱幼的风尚、孝敬父母的风尚、勤俭持家的风尚、诚实守信的风尚、勤奋好学的风尚。

最后，也是最重要的一点是：你首先要带头执行，才能让你的子女继承这个家规。你要知道，一个良好的家风需要几代人的努力，但一旦形成，就会创造幸福家庭，世代受益不尽。

▶ 和谐氛围里染出温柔的底色

一个孩子是否有教养，与其生活的家庭氛围密切相关。生活在和谐家庭中的孩子，由于家庭成员之间和睦相处、互敬互爱、尊老爱幼，能让孩子在其中熏陶成长，学会处理各种关系，讲文明，懂礼貌，敬重师长，关爱他人，使孩子具备热情、开朗、进取、正直、真诚等品质，从而展现出良好的教养，成长也会是顺利的。

我们都知道冰心是我国著名作家、儿童文学家，其实她在生活中更是一个善良、温柔、文雅的人。追溯她的童年，我们发现，冰心童年时代的处境，确实是难得的。她从小就沐浴在海洋般深沉的父爱、母爱里，还享有丰厚的手足之情。她与三个弟弟之间感情深厚，他们常常在一起谈天说地，谈古论今，游戏嬉闹。正是这样和谐友爱的家庭氛围，才使这个聪颖过人，才思敏捷的小姑娘，形成了善良的心地和温柔、文雅的性格，如果说"五四"时代铺就了冰心一生的道路，形成了她文学创作的丰收，那么，她这个温暖和谐的家庭，就是她获得这些成就的最为重要的原因。

我国著名的爱国将领朱庆澜先生也曾经说过，孩子生下来就是雪白的丝，在家里生活了几年好似第一道染缸，进了学校好似第二道染缸，毕了业来到社会好似第三道染缸。他认为关键是第一道染缸，第一道染缸染上红色底子，以后再接受好的教育就会变成大红、朱红，即使后来受到不良的影响，红底子也不会变黑；但如果第一道染成了黑底子，以后就是受到好的教育，黑色也难完全褪去，如果再受到不良影响那就是黑上加黑，永远褪不去。

这并非危言耸听。我们都知道，一个孩子自出生后，从小到大，几乎有三分之二的时间生活在家庭之中。而且，孩子处于成长阶段，年龄尚小，分辨是非的能力差，但他们又对周围的一切都感兴趣，并善于模仿，家庭和周围环境的各种影响，他们往往都不加取舍地去接受。因而父母的思想、作风，平日的行为习惯、待人接物的态度以及对子女的教育方式等，都会在孩子身上留下深刻的印痕。家庭环境好，孩子自然可以健康成长，家庭环境不好，孩子也必然会有这样那样的问题。大量的事实也证明，在缺乏教养的家庭环境中成长的孩子，也很难成为一个有教养的孩子。那些在心理、品德、学业上有缺陷的孩子，大多生活在家庭成员之间关系紧张，经常发生冲突的家庭中，个别孩子还会因无法承载而离家出走、自杀，甚至走上违法犯罪的道路。

因此，营造和谐的家庭氛围，优化孩子成长的环境，也是教育好子女，促使子女身心健康发展的重要前提。作为称职的父母，我们必须从修正我们自己开始。

▶▶ 容错环境下才有诚实的立足地

孩子撒谎，是一个普遍存在的问题。大部分成人都会把它当作一件比较严重的事情，惩罚也相应地重一些。但简单的惩罚会让孩子认为，被惩罚的原因是谎言被戳穿了，而不是撒谎本身。结果事与愿违，这些孩子撒谎更频繁、更老练。

其实很多时候，孩子撒谎只是他的防卫表现，他害怕受到惩罚。所以，在教育孩子诚实这一问题上，你首先要检讨家庭或学校中是否缺乏一种健全的"容错机制"。

有的大人在孩子有过错时，就会连骂带吓唬地说一些类似"你再不听话，不给你饭吃"，"你敢顶嘴，给我滚蛋，别回家"，"还这样打断你的腿"，"再这样，我宰了你！"等的气话。这其实就是在逼着孩子说谎。

如果我们要引导孩子说真话，而不是对自己所做的错事矢口否认，那么就必须注意我们说话的方式。你要让孩子感到，讲真话并不可怕，完全可以得到他人的谅解，而不必说谎。例如，当孩子把饭打翻了的时候，你如果说"这饭怎么会弄得满桌子都是呢，要是有人帮我把它们拣起来就好了"就比责怪他"你怎么把饭弄得到处都是？下次再这样就不给你吃了"，会收到更好的效果。

事实上，孩子知道自己做错了事或闯了祸之后，都常常会产生一种内疚感或恐慌感。这两种心态纠合在一起，会给孩子造成强大的心理压力，促使他反思和改正自己的错误。这时，如果大人真的对孩子斥责和惩罚一番，反而起不到这样的效果。

而且，对犯错的孩子打骂只能帮孩子发展出更强烈的反抗和挑战。实际上，这也关系到孩子日后对人生、社会的看法——一个从小挨打的孩子，一个心里充满仇恨的孩子，长大后必然会苛刻而冷漠地对待这个世界。相关调查研究也表明，长期生活在充满暴力环境中的孩子，长大后更具有暴力倾向。因此，我们必须学习有效的方式去规范孩子的言行，而不是用惩罚。

一个最好的方法就是心理制裁。例如，著名教育家陶行知，当年在育才学校任教时，班中的一位女孩在考试题中少写了一个标点，结果被扣了分。试卷发下来后，她偷偷地添上了标点，来找陶先生要分。当时陶先生虽然从墨迹上看出了问题，但是却并没有挑明，而是满足了女孩的要求。不过，他在那个标点上重重地画了一个红圈。女孩顿时领会了老师的意图，惭愧不已。多年以后，已经成人成才的女孩找到陶行知先生说："从那件事以后，我才下决心用功学习，才下决心做个诚实的人。"

这就是沉默的力量！陶先生的一次"沉默"不仅没有妨碍孩子改错，反而促进了孩子更好地做人。试想，如果陶先生当面指出真相，结果会怎样？不是女孩被迫认错，就是她一时碍于情面，死活不认。但无论哪种结局，孩子的自尊心都将受到伤害，更谈不上什么教育作用了。

而对于那些主动承认错误的孩子，大人在处理上更应该以鼓励为主，肯定他说实话是好的表现："你告诉妈妈（老师）了，真乖。"这样，也就等于在告诉孩子，说实话的孩子才是好孩子。

此外，你还要帮助孩子找到他犯错误的原因，然后和孩子一起寻求解决的办法。很多时候，失败的经验、教训更能够推动一个人的成长。高明的大人总是可以让孩子在否定自己的过程中看到自己的成长，体会到更深刻的成就感。

第七章

有大胸襟才能有大人格
——引导孩子做一个大写的"人"

比大地更宽广的是海洋，比海洋更宽广的是天空，比天空更宽广的是人的胸怀。

——法国作家雨果

人格高尚的人都是有大胸襟的人

　　胸怀是人格的具体体现。胸怀宽广的人，才能成为人格高尚的人。对于莫名的诽谤，能以博大的胸怀去宽容别人，就会让自己变得更加高尚；对于无端的指责，能以博大的胸怀去忍让别人，就会让世界变得更精彩。

▶▶ 胸怀宽广的孩子才能有大格局

　　海之所以能有无限的深度和广度，就在于它兼收并蓄，海纳百川。其实世间万物皆是这个道理，能容纳才能接受，能接受才能拥有。如果一个人拥有了海纳百川的气度，能容人，能容事，就能成就他生命的厚度，人格的高度，以及幸福的宽度。

　　在一辆公共汽车上，一个男青年忽然往地上吐了一口痰。

　　售票员看到了，便对他说："同志，为了保持车内的清洁卫生，请不要随地吐痰。"没想到那男青年听后不仅没有道歉，反而破口大骂，说出一些不堪入耳的脏话，然后又狠狠地向地上连吐三口痰。

　　这时，车上就炸开锅了：有为售票员抱不平的，有帮着那个男青年起哄的，也有挤过来看热闹的。同时，大家更关心事态如何发展。

只见这个年轻的售票员，虽然气得面色涨红，眼泪在眼圈里直转，但却很快定了定神，半静地看了看那位男青年，对大伙说："没什么事，请大家回座位坐好，以免摔倒。"一面说，一面从衣袋里拿出手纸，弯腰将地上的痰迹擦掉，扔到了垃圾箱里，然后若无其事地继续卖票。

车上顿时鸦雀无声，因为大家看到售票员的这一举动，都愣住了。而那位男青年的舌头更是好像突然短了半截，脸上也不自然起来，车到站没有停稳，就急忙跳下车，刚走了两步，又跑了回来，对售票员喊了一声："大姐！我服你了。"

这时，车上的人都笑起来了，大家七嘴八舌地夸奖这位售票员。

事实上，越是有理的人，如果表现得越谦让，越能显示出他胸襟坦荡，富有修养，反而更能得到他人的钦佩。

但这种宽广的胸怀不是天生的，而是靠后天的培养和教育。当我们逐渐使宽容的理念融入孩子的人格之中，我们会发现，他们往往变得心地善良，性情温和，惹人喜爱，受人拥护。而缺乏宽容心的孩子往往性情怪诞，易走极端，不易为人亲近，因而人际关系往往不好。我们常常可以听到发生在身边的怪事：一些考上重点大学的高才生，因对集体生活严重不适应，轻者患上精神忧郁症，不得不休学，重者竟然跳楼自杀。更有甚者，某知名大学的两个研究生，一点小事发生矛盾、争吵，竟然大打出手，互相残杀，造成一死一伤的悲剧。这些都是缺少宽容之心的表现。

因此，教孩子学会宽容尤为重要，这不仅是为孩子今天能和伙伴处理好关系，更是为孩子将来的人生奠定基础。不要怕什么事都"让"着人的孩子，长大了会变得懦弱无能、受人欺负。懦弱无能的孩子是由于父母过度溺爱造成的。而这种"让"，是一种高贵的品质，让孩子在"让"中学会宽容大度，这对孩子的未来是有利的。

▶▶ 孩子的宽容心取决于你的包容心

大人宽容、大度，遇事不斤斤计较，孩子就会学着大人的样子处理自己与他人之间的关系，也会变得宽容、友善、乐与人处。反之亦然。

因此，如果你希望孩子能够成为一个有宽容心的人，就不要把希望寄托在空话上，以身作则，给孩子树立了一个宽容的榜样，才能在孩子幼小的心灵栽下"相互理解，宽厚待人"的种子。

我们常常见到许多对孩子求全责备的大人——他们见不得孩子一点缺点、错误，甚至动不动还翻出陈年老账，指责他"从小就如何如何"，等等。长此以往，不仅使孩子的自尊心受到伤害，甚至失去了改正缺点的信心与决心，而且更重要的是，孩子也学会了凡事都求全责备，不能容忍别人的一点点错误，心胸狭窄。

苏联教育家苏霍姆林斯基说："犯了错误在众人面前受过批评的孩子往往会变得孤独。特别不好的是，他要学好的愿望与热情淡漠了，他要做个正直的、道德高尚的人的愿望从此受到了压抑。"

孩子需要管教和指导，这是毋庸置疑的，但是如果让他们无时不刻和处处事事都在管教和指导之下，却是于成长不利的。更何况"人非圣贤，孰能无过"？就连被人们尊称为"圣贤"的孔子也曾有过错误的言行举止，更何况是正在成长中的孩子？带着一颗包容心去对待孩子成长过程中的缺点、错误，才有利于孩子改正错误取得更大进步。更重要的是，也只有这样的教育，才能培养出宽容的孩子。

除此之外，在平时我们也不应该对孩子要求太严厉，只要不是什么原则性的问题，我们都可以说"可以，没关系"，比如孩子问你"我可以玩水吗？""我可以不吃完这碗饭吗？"你只需要给他一点建议："可以，但要小心别把水弄到客厅的地毯上，那会很难弄干。""如果你实在吃不下，那就不吃吧，不过这样有点浪费哦，下次你可以少盛一点。"

当与孩子发生冲突的时候，也要给孩子与你争辩的机会。很多成人的做法是：千方百计把孩子压下去。这也许维护了你所谓长辈的尊严，但对孩子的成长却是不利的。

尊重孩子的想法，给孩子与你争执的机会，不仅可以加强你与孩子之间的沟通（争执本身就是沟通的一种方式），而且，孩子还可以在与他人的争执中，更全面、更深入地认识自我，如："我现在究竟是个怎样的人"，"我做得好不好"等，从而逐渐达到自我身份的认同。不同意见的碰撞，也会让他们学会社会认知技巧，以及面对错综复杂的事物时的理性分析能力。

同时，孩子在争辩中，为了占据上风，就要不断地把有理的一面展现出来，于是他们会重新审视自己的观点，不断自问"我对吗"？他们也会为了揪住大人的"小辫子"，来重新考量成人的想法。其实，这对孩子来说就是个反省的过程，让孩子进一步了解自己也理解大人，将来，也就会理解他人。

宽容大敌：什么让孩子难以宽容？

现实生活中不乏待人温和、对人宽容的孩子，也不缺以自我为中心、比较小心眼的孩子。孩子们为什么会出现如此大的反差呢？说到底，还是教育的问题。

▶▶ 嫉妒心，让孩子变成了"小心眼"

嫉妒是一个人在个人欲望得不到满足而对造成这种现象的对象所产生的一种不服气、不愉快、怨恨的情绪体验。一般来说，孩子的嫉妒心理主要有以下几种表现形式：比如，家里来了客人，父母抱着小客人而不理他，他会用白眼或撇嘴巴，以示抗议，或者干脆把小客人拉开；有的孩子在幼儿园看见别的小朋友穿漂亮的新衣服等，也会急起直追，要求家长买更漂亮的衣服，甚至烫发、涂口红等与人"抢风头"；有的孩子吃不了一点点亏，玩游戏自己输了就耍赖撒泼，还可能破坏游戏活动，从而使大家都玩不成；还有些孩子喜欢聚在一起比家里的高级电器、高级用具，甚至为比高低而争吵，以显示自己家里的富有……这些都是孩子嫉妒心太强的表现。

不过，"嫉妒心"对于孩子来说，应该说是一种本能，因为孩子在自我意识发展到一定水平之后，就会逐渐喜欢在有意无意的横向比较中确认自己的本事和价值，这也就是竞争意识的来源。

所以，当孩子出现嫉妒行为时，成人大可不用着急，它未必就会给孩子带来太多坏的影响，更不能说明他天性品质坏。但是，也要给予正确的引导，尤其是对处于人格建构中的孩子来讲，嫉妒习惯了，就会被吸纳为重要的人格成分，对心理发展相当不利。

那么，成人应该怎样正确引导嫉妒心强的孩子呢？

首先，成人要接纳孩子的嫉妒情绪。你要了解，随着自我意识的发展，孩子开始学着比高比低、比好比坏，通过比较他们可以建立起参照体系，在这一体系中确定自己的位置。这种比较是孩子认识自我的途径，孩子了解自己所处的位置，会成为他行动的促进力，但也不可避免地会滋生嫉妒心理。

因此，不要盲目对孩子的嫉妒行为进行批评，而应该耐心倾听他的苦恼，理解他无法实现自己的愿望所产生的痛苦情绪，以便使孩子因嫉妒产生的不良情感能够得到宣泄。这样，他才有可能反思自己这种做法不妥当，才能建立正确的做事方法。

其次，成人要帮助孩子提高自我认知水平，发展内省智能，这样孩子就不容易产生非理智的嫉妒情绪了。内省智能是指有自知之明并据此做出适当行为的能力。这项智能包括对自己有相当的了解，意识到自己的内在情绪、意向、动机、脾气和欲求以及自律自知和自尊的能力。这就需要成人在平时的生活中向孩子灌输这样的思想：每个人都有长处和不足，见到别人的长处没有必要嫉妒。随着认知能力的发展，孩子排解嫉妒心理的能力也会增强，他会知道每个人的能力都是有限的，他不可能什么都比别人强，也就能坦然面对他人的优点了。

另外，见不得父母抱别人的孩子，听不得老师夸奖别的孩子，主要还是因为孩子自身安全感不足，想以自己的反抗或者表现来证明自己是足够值得关注的。所以，成人应该在平时多关爱、夸奖孩子："爸爸妈妈爱你，你是我们的孩子，我们最爱你""做错事，改正了就是好宝宝，老师很爱你"等，满足他的情感依恋。这样，他就不会在父母或老师夸奖别的孩子时做一些"是不是我不好""是不是我不够优秀"的猜想，从而产生嫉妒心理了。

其实，嫉妒还是一把双刃剑，利用得当，完全可以变成激励孩子的动力。有嫉妒心理的孩子一般都有争强好胜的性格，有很强的自尊心。如果看到别的孩子比自己好，心里一定会有股子不服气。成人可以把孩子的这种好胜心引向积极的方向，让他的负面情绪转化为积极的动力，更快地进步和取长补短。

▶ 不吃亏，让孩子变得很"要尖"

对于大多数孩子来说，吃什么也不能吃亏。因此，在校园里，教师经常要接受学生一些鸡毛蒜皮的"投诉"："老师，他把水洒在我桌子上了"，"老师，他刚才骂我……"，"老师，他把我的桌子、椅子换走了"……在种种不大不小的矛盾中，孩子们如果都抢着"要尖"占上风，不退却，也不谦让，那就可能冲突不断。而这一切，都是因孩子缺少宽容所致。因为真正拥有宽容之心的孩子，一定会明白：吃亏也是一种快乐。

因此，鼓励孩子乐于帮助别人，勇于帮助别人，就相当于在孩子心灵上撒播了幸福和快乐的种子，会让孩子感到幸福、快乐！同时，也会促使孩子更积极主动去帮助别人，并以此为乐。

这种幸福、快乐的思想就源于一种"吃亏是福"的人生认知。人生活在一定社会团体中，与他人有着千丝万缕的关系，是不可能脱离其他人而生存、发展的。费·夸尔斯说："人一生下来就离不开别人，谁只为自己活着，谁就枉活一世。"所以，人与人之间要相互帮助，这样才有利于完善自己的成长和与他人的关系。

而要让孩子懂得吃亏是福的道理，我们大人自己首先要有这种认知。

事实上，许多年前，古人就告诫我们："吃亏是福"。"吃亏"是一种为人处世的境界，更是一种人生睿智。站在一定高度来看，有时候帮别人也是在帮自己，这种情况下"吃亏"就是福，下面的这个小故事说明了这个道理：

一天晚上，一个孩子误吞了异物，异物卡在喉咙，孩子呼吸困难。孩子的母亲没有解决问题的良策，情急之下拨打紧急电话求救。

警察很快赶到，情况危急，孩子的母亲没来及上车，警车就抄近路向医院飞驰。十几分钟后，意外情况出现了，一条壕沟横在了前行之路。一班工人正在连夜安装排水管道。

警察向工人求助。工段长站了出来，他让工人在壕沟上铺上木板，下面用脊背作支撑。很快，警车从这座"人桥"上顺利开了过去。

在医院，医生利用仪器顺利取出卡在孩子喉咙处的异物，并告诉警察："幸亏来得及时，要是再晚来10分钟，孩子都可能因窒息而死亡。"警察真心谢过医生，并把孩子送回家。

第二天，警察想起应该去感谢昨天那班工人，于是开车来到昨天的施工地点，想当面表示感谢。昨天那位工段长见到了警察，径直走了过来。还没等警察开口，工段长已经热泪盈眶，伸出双手紧紧握住警察，声音哽咽："谢谢您，谢谢您救了我的孩子！"

原来，昨天晚上警察救的正是工段长的孩子。我们可以试想一下，如果当初工段长不给予警察帮助，势必耽误救治孩子的宝贵时间，工段长可能也就会永远失去自己的这个孩子，可见，帮助别人同时也在帮助自己。

一个自私自利的人是没有幸福感的，只有懂得帮助别人并切实做到的人才会在内心产生真正的幸福感，才会感到人生的价值和意义，助人为乐绝不仅仅只是一句口号，它是符合心理学原理的。

要辩证地看"吃亏"，不要把"吃亏"简单地看成损失了自己的利益，而要看到"吃亏"背后的巨大意义。"吃亏"的人看淡表面利益的得失，更注重的是内心的安稳和平衡。

能够"吃亏"不乱的人，往往一生平安、幸福坦然，而不能坦然"吃亏"的人，在是非纷争中斤斤计较，局限在"不亏"的狭隘的自我思维中，患得患失，势必会受到更多、更大的内心折磨，最终失去的将会更多、更大。

当我们自己树立起这种正确的人生价值观时，才能让孩子明白："吃亏"不是一种损失，而是一种至高的人生境界，自私的人是不会得到真正的幸福和快乐的。

还要让孩子明白，绝大多数人都喜欢与朴实、真诚、厚道的人交往，做朋友，愿意"吃亏"的人，往往会获得更多的人脉、更多的资源、更多的回报；而那些锱铢必较、工于心计、自私自利的人往往在一开始就把周围的人当作对手，当作索取的对象，而提防、戒备、竞争，那么内心何以安宁，而内心不安宁，又何以谈幸福和快乐呢？

　　一些家长害怕自己的孩子在幼儿园或者小学吃亏，总是不停地跟老师说："我家孩子任性，和其他孩子打闹时，请您多担待，多照顾！"言外之意，害怕自己的孩子吃亏，让老师在关键的时候照顾一下。同时，还经常不厌其烦地教给孩子一些不吃亏的方法，可谓用心良苦。在这些家长看来，只有不吃亏的孩子才能得到更多的幸福。

　　这个错误的想法往往造就了孩子不幸福的人生。诸多的事实证明，那些不肯吃半点亏的人往往无法建立和谐的人际关系，凡事斤斤计较，事事自私自利，没有谁喜欢和这样的人来往，于是，逐渐遭到了其他人的排斥，越来越孤独，别说知己，就连一般的朋友也没有几个，这样的人何谈幸福，何谈人生美好。

　　培养孩子"吃亏是福"不是在教孩子吃亏，"吃亏"要有讲究，要有尺度，正所谓"能吃亏，还要会吃亏"，要具体情况具体分析，不是所有的"亏"都适宜吃，更不是吃所有人的"亏"，吃亏要有底线，只有那些真正有助于人、自己又能承受得起的"亏"才适宜去"吃"，才应该去"吃"。

　　接受"吃亏是福"教育的孩子，能够体会到帮助别人获得的快乐，从而愿意帮助别人，也更享受这个过程中获得的幸福感和快乐情绪。

▶▶ 自私，让孩子变成了"小气鬼"

　　几乎所有的孩子都有"小气"问题。"小气"的孩子，除了具有"食物不肯给别人吃""玩具与学习用品等不愿借别人用"的最直接特点外，还具有如下主要特征：做事斤斤计较，爱讲条件；自我牺牲与奉献精神较差；自私自利；思想比较保守，缺乏同情心；适应能力较差；心胸狭窄，嫉妒心强；做事比较犹豫、多疑，缺乏果断性。那么，我们要想培养孩子宽容的胸襟，就免不了要和孩子的"小气"性格作作斗争。

不过，说归说，但在孩子面前，我们一定不要轻易给他贴上小气的标签。在心理学中，有一种标签效应，说的就是给某人贴上某种"标签"，就会使其产生与标签相一致的行为的现象。引申开来，如果孩子一旦被贴上小气的标签，他的内心对自我的认识就会出现偏差，潜意识地认为自己是小气的孩子，这也会加重孩子小气的倾向。

实际上，孩子学会分享通常需要经历以下几个阶段：

第一阶段：1 岁之前——乐于分享

此时孩子的物权概念不明显，他们乐于分享，认为这是一件无所谓的事。

第二阶段：1—2 岁——独立意识觉醒

1—2 岁的孩子有了一定的独立意识，但还分不清楚"你的"和"我的"的区别，在他们心中"我喜欢的就是我的"，需要大人们不停地告诉他，帮助他建立起"你"和"我"的界限。

第三阶段：2—3 岁——物权敏感期

2—3 岁是孩子自我构建的重要时期，也被称为"物权敏感期"。随着孩子自我意识的发展，他们开始意识到哪些东西是自己的，想要捍卫自己的权利，因此我们会看到孩子把自己玩具护得紧紧的，拒绝与人分享。对此，父母要理解、尊重他们，让孩子拥有物权安全感。培养正面的物权观念正是分享的前提。

第四阶段：4—5岁——学会分享

4—5岁的时候，孩子结束了"物权敏感期"，也开始进入幼儿园，接触更多同龄人，有了社交的需要。在合作游戏的过程中，孩子需要不断地体会和照顾他人的感受，分享的行为自然会越来越多。只要正确引导，孩子就会乐于分享、爱上分享。

由此可见，无论你对孩子实施了多么高明的教育，孩子都会经历一个从自我中心化到去自我中心化的缓慢渐进的过程，在这个过程中他们不断成熟，逐渐从只能关注自己到能够自我满足并有能力去关注别人。因此，当孩子不具备分享的能力时，不要轻易地给孩子贴上"小气"的标签，你能做的只有耐心地等待。

但是，等待不代表毫无作为。你需要引导孩子感受到分享的快乐，当孩子可以从分享中得到快乐时，他自然就乐意分享了。这里有三点需要注意：

一是不要强迫孩子分享。只有当分享出于自愿时，才会感到快乐，而不是来自父母或外界的压力。勒令孩子让出自己心爱的东西，或干脆替孩子做主分割属于孩子的"财产"，对孩子无疑是一种伤害。"自私"也可能因此而变本加厉。当孩子面对分享任务时，拒绝或接受都是应该被允许的，我们应当尊重孩子的选择。或者你也可以用商量的口吻对孩子说："等你玩完了再让给弟弟玩一会儿好不？"让孩子觉得对自己的物品有控制权，可决定什么时候可以把玩具借出，同时提醒借玩具的孩子说："你不要弄坏它哟，这样下次姐姐才会再把玩具借给你玩。"

二是打消孩子的顾虑。很多时候，孩子之所以不肯放手一件玩具，有可能是他最感兴趣的，他怕给了别人玩就再也拿不回来了。对此，成人应该多给孩子与同伴相处的机会，让他带着玩具和同伴交换着玩，就可以打消他的顾虑，增加他与同伴分享的经验。当孩子知道分享并不等于失掉自己所拥有的东西，还可以得到更多分享别人玩具的快乐时，自然就会主动与他人分享了。

三是让他体会赠与的满足感。孩子的无私往往建立在自我满足的基础上。对于成人来说，赠与是一种快乐，对孩子也是如此，应该鼓励孩子将自己的一些已不太感兴趣或购买重复的玩具送给别的小朋友，当他发现他的这种赠与行为引起小朋友的注意，让老师喜欢他时，他就会变得慷慨起来，因为赠与让他有满足感。

另外，还有一个老生常谈的问题——溺爱，这是孩子很多不良品行的重要来源。不少父母主动地将好吃好穿好玩的全部让给孩子，以此来表达对孩子的重视和爱。不料，这样的行为却养出了一个个独食独占的小霸王。因此，当孩子偶然表现出分享行为时，成人就不要再说什么"宝宝自己吃""我们不要"等话语了，这样做只能强化孩子的独享意识。当孩子缺乏分享意识的时候，大人应该在旁边及时提醒，当孩子有分享的行为后，也应该对孩子的恰当行为予以及时的肯定。这样，孩子的"自私自利"行为才能逐渐得到改善。

▶▶ 偏见，让孩子戴上了"有色眼镜"

没有宽容之心的人，大多是因为他们都戴着一副有色眼镜。在看别人时，总看见不好的一面，总指责别人身上的缺点；而看自己时却总是看到优点。这，就是偏见。

当一个人学会放弃偏见，放弃对别人的批评，那他就在修养上达到了一定的境界，就有了一种开阔的眼界，就能敞开胸襟接纳所有的事物，就能让自己活得比别人更有滋味，就能让人觉得他是一个可以亲近的人。

但对于孩子来说，他们对偏见的最初形成原因往往来源于成人的"灌输"。"这个孩子学习不好就不是好孩子"，"不要和脏孩子玩"，"长得黑不溜秋，一点也不好看"，"这孩子长得真胖"……你是不是也在孩子面前说过这些话？说者无心，听者有意，孩子记住了这些话，不知不觉地就影响了他们的言行，让他们形成了偏见。

因此，要想让孩子宽容地对待他人，我们应该首先向孩子传递正确的世界观。"这个孩子学习不好就不是好孩子"这样的话语，的确会让很多育人者陷入纠结。一方面，我们确实希望孩子学习好、身体好、习惯好、品德好，并通过各种手段让孩子树立这样的认识；但另一方面，我们更应该清楚地意识到那些话的不合理性。金无足赤，人无完人，有缺点和不足乃是人性的必然。和同学相交，和朋友相处，没有必要求全责备，完全可以求同存异，只要这个同学或朋友的缺点不是品质方面的，不是反社会的。

在平时，我们更需要通过生活中的一些细节来帮助孩子接受别人身上存在的不一样的地方，并正确看待这些差异。

例如，不少老师的教案中都有这样的"柠檬训练"。在这个活动中，老师会给每个孩子发一个柠檬，然后要求孩子们了解它，孩子们可以在地上滚柠檬，也可以品尝或是闻其气味。然后把柠檬集中放在一个篮子里，让孩子们找出自己刚才玩的那个。虽然有些柠檬脏了，弄瘪了，还有些上面有牙印，孩子们还是会认为自己的那个是最好的。这时，老师把柠檬皮剥掉，再让孩子找出自己的那个柠檬，孩子便无法辨认了。这个活动能让孩子认识到，虽然人的外表存在差异，但内心都是一样的。

我们还可以帮助孩子认识自己与其他人在哪些方面存在差异，例如别的小朋友可能比他矮、稍稍有些胖、戴眼镜、不擅长踢足球等，然后将这些特征进行比较。告诉孩子一个事实，每个人都有着自己的特征。有些人会因为看到别人与自己的差别就认定别人比自己低一等，但事实并非如此，也不应该这样认为。当孩子出现错误的行为时，我们一定要及时制止，并仔细地分析原因。让孩子对自己的行为进行解释，对其中有偏见的地方进行纠正，使孩子从认识上改变这种偏见。

或者，多通过带领孩子接触多样性的事物，用图片等直观的方式给孩子解释事物的差异。让孩子了解事物的多样性，通过接触让孩子明白事物间的区别都是自然存在的，人各有所长、各有所短，没有好坏之分。当孩子明白了这个道理，他就会在人格完善的道路上又向前迈进了一步。

另外，当孩子遭遇到偏见时，更离不开成人的关爱与指导。你需要确保孩子的安全不受威胁，并强化孩子的意识，让他知道发生这样的事是错误的，会得到纠正；同时，培养孩子对今后可能发生的任何事情做好心理准备，教他学会一些措辞，例如以后别这么叫我，这不是我的名字等。

▶ 安逸，让孩子变成了"冷血动物"

现在，大多数家庭生活条件都不错，即使是生活质量不是很高的家庭，也不会"亏待"孩子。缺少挫折的孩子，也就很难体会到别人陷入困难当中的心情，因此，也就渐渐养成了他们骄纵傲慢的性格，冷漠、孤傲，缺乏同情心。

《光明日报》就曾刊载过这样一篇文章。文章说，北京的一些幼教专家到一家幼儿园去进行心理测试，当专家们问孩子："一个小妹妹发烧了，冷得直哆嗦，你愿意借给她外套穿吗？"孩子们半天都不回答，当老师点名要孩子回答时，一个孩子说："生病会传染的，她穿了我的衣服，那我也该生病了，我妈妈还得花钱。"另一个孩子回答："她把我的衣服弄脏了怎么办？"第三个孩子说："我害怕她把我的衣服弄丢了！"结果，半数以上的孩子都找出了各种理由表示不愿意借衣服给生病的小妹妹穿。

听到孩子们这些回答，实在让人心寒。如果大人不多利用机会去培养，那么这些孩子很可能会成为一个个的"冷血动物"。

要想让那些"冷血"的孩子"热"起来，最好的办法就是创造一个环境让他们体会到困难和绝境之中的心情。

例如，下面的这个故事就为那些还在为此发愁的育人者们提供了一个很好的建议：

他是一个在很多人眼里的"完美少年"——生于富有的家庭，父母也都是高知，而他自己也非常优秀，学习成绩排在班级的前几名，而且会弹吉他，篮球打得很棒——但其实他的人格并不完美。

这源于孩子爸爸的一次发现。那次暑假，父母打算带儿子去郊外旅游。路上却遇到大堵车，经过打听得知，前面是市政府，有农民工因被拖欠工资问题，跑到市政府门前来静坐。看着那些拉着横幅，在地上盘腿而坐，忍受着阳光暴晒的农民工，爸爸忍不住问儿子："你对这件事怎么看？"他想听听孩子对社会现象的见解。没想到这个"完美少年"说："我觉得这些人都应该被抓起来，拘留。是他们自己没有本事，却跑到政府门前来胡闹，影响交通。"爸爸听后很诧异，说："但是这些人的确是陷入了困境啊。他们需要社会和政府的帮助。"儿子却说："他们的困境跟我没有关系，我只想车快点走，早点去玩。"妈妈也很吃惊，没想到这个大家眼中的"完美少年"竟然是一个丝毫没有同情心的孩子。

父母都觉得这样发展下去，迟早有一天，"冷血"会让儿子吃苦头。于是，他们决定联合孩子正在读大学的表哥，一起来纠正这个"完美少年"的冷血。

哥俩约好一起出去玩。但路上，表哥故意将俩人的钱包和手机都藏了起来。他们身上分文没有，回不了家了。表哥说，那就向过路人求助吧。他们找了好几个人，问能不能借打电话，但是都遭到了拒绝。没有钱，没有吃的，他们只能在郊区的一个破屋子里将就了一晚。"完美少年"在他的人生当中第一次尝到了陷入困境的滋味。

第二天，经过几番争取，他们终于打通了家里的电话。回到家后，爸爸问他："现在你对那些静坐的农民工，怎么想？"儿子惭愧地低下了头说："人生的确是有很多需要别人帮助的时候。我以后再也不会看不起那些人了。"

现实生活中，我们也可以借鉴这对父母的做法，比如，可以让孩子到野外，培养他们自己生存的能力，让他们感受野地生存的困难。可以带他们到山区，去和那里的孩子同吃同住，让他们体会贫苦地区人们生活的艰辛，或者在平时生活当中，制造一些困难和困境让他们去克服，这些都可以让他们通过亲身体验来增长他们对别人的同情心，让他们懂得在关键的时候能够伸出手去帮助别人的道理。

让孩子学会宽容就用这几招儿

宽容的情怀包含两个方面，一个方面是尊重，尊重所有人基本的人类尊严和不可剥夺的人类权利，不将自己的观点（无论对错）强加给他人，或者不公正地限制他人的自由。宽容的第二个方面是欣赏，欣赏人类形形色色的差异，以博大的胸怀去欣赏、接纳因不同地域、种族、历史、见识造成的不同的文化。

让孩子学会宽容，就要从这两大方面入手：

▶▶ 与人合作中发展出宽容之心

合作意识与宽容之心是互为因果的。孩子只有与人交往、合作，才会发现每个人都有这样或那样的缺点，都要犯或大或小的错误，而只有学会容忍别人的缺点和错误，才能与人正常交往，友好相处。也只有通过交往，孩子才能体会到宽容的意义，体验宽容带来的快乐。如称赞别人的缺点，庆贺同伴的成功，帮助有困难的小朋友，采纳别人的合理建议等。这些都能使孩子得到友谊，并使自己也获得进步。

因此，如果我们想要培养出孩子的宽容之心，就要先将孩子置于团队之中。训练孩子合作行为、增加孩子团队意识的过程，其实就是建立孩子宽容之心的过程。

要想培养孩子的团队合作能力，首先要让他明白团队精神及合作的重要性。而孩子参加的第一个团队便是家庭，家庭虽然与孩子团队不同，但也可以为孩子学会社交技能打下基础。在日常生活中，爸爸妈妈与家庭成员之间应当有意识地进行合作，并邀请孩子参与进来，感受合作的快乐，告诉孩子合作的力量往往大于独自行动，于潜移默化中培养孩子的合作意识。比如，可以让孩子一起参与包饺子，做蛋糕、饼干等，当孩子看到一起合作的劳动成果时，一定十分开心。而且，在家庭中培养团队精神还有一个有利的地方，就是孩子不必担心被家庭这个团队拒绝，因而能自由、大胆甚至充满创造力地充分扮演好自己的"角色"，从而学会融入团队。

当然，更重要的还是要经常带孩子参加集体活动。比如，在孩子幼年时期，可以带孩子和他的小伙伴们一起做搭积木、拼图、过家家、童话剧、老鹰抓小鸡等游戏。在这些活动中，孩子通过互相配合，慢慢地就能提高自己的团队合作能力；对于年龄稍大的孩子，可以让孩子多玩 些合作性较强的体育活动和游戏，如足球、篮球、跳皮筋、跳绳等，既有团体之间的对抗与竞争，更有团队内部的合作，这些都非常有利于孩子合作能力和团队精神的培养。

在孩子与同伴交往的过程中，大人要特别注意引导孩子的宽容之心。

首先，我们应该在平时经常给孩子灌输类似这样的思想：任何人都有自己的长处，要学会真诚地欣赏他人；合作就是取他人之长，补自己之短，是双方长处的融合；霸道、自私会让游戏进行不下去，只有分享与合作才能让游戏顺利开展，才能获得快乐……

其次，在孩子与同伴在活动中意见不统一时或玩儿得不愉快时，大人不妨教给孩子一些解决冲突的技巧，但是不要替代孩子处理与伙伴之间的矛盾，而要让孩子学会如何面对失败和胜利，如何通过冲突，学会独立思考，并让自己的交际能力不断得到提升。在解决纠纷的过程中，孩子会慢慢地明白自我中心意识太强在人际关系中是行不通的，要学会宽容、谦让、妥协，要学会照顾别人的需要，从而懂得更好地与人相处。

另外，父母还可以利用孩子喜欢听故事、看故事的特点，引导孩子看一些有关友情、互助、合作方面的书籍（如《和朋友们一起想办法》《德沃夫爷爷的森林小屋》《国王的蛋糕》《乖乖兔找朋友》《变成雪人的熊》《邻居》等）和电影（如《超能陆战队》《冰雪奇缘》《疯狂动物城》等），潜移默化地帮助孩子认识团队精神的重要性，学会取长补短，用正面积极的态度面对困难，善于思考问题；用宽容友善的心灵融入团队合作，寻找解决的方法。

当然，宽容不仅体现在对"人"的态度上，也表现在对"物"和"事"的态度上。大人要引导孩子见识多种新生事物，让孩子喜欢并乐意接受新生事物，承受事物所发生的意想不到的变化，善知变和应变。如让孩子了解各种奇观奇迹，观察生活日新月异的变化，允许孩子独辟蹊径地解决问题。孩子一旦习惯于"纳新"和"应变"，他对世间的万事万物也就具备了宽容之心。

▶▶ 换位思考中建立起宽容情怀

一个了解别人需求并为别人着想的人是有爱的人、宽容的人、有责任心的人，还是懂得感恩的人，要想成为这样的人，需要从小就接受换位思考的教育。让孩子站在他人的角度看问题，会让孩子体谅到他人的难处，由己及人，有助于孩子宽容情怀的建立。

例如，教育家叶圣陶在教育儿子叶至诚时，就十分重视在日常生活中教他多为别人着想的为人处世的态度。在让儿子递给他一支笔时说："递一样东西给人家，要想到人家接到手里方便不方便。你把笔头递过去，人家还要把它倒转过来，如果没有笔帽，还要弄得人家一手墨水。递刀子、剪刀这类东西更是如此，决不要拿刀口、刀尖对着人家，把人家的手戳破了呢？"另外，叶圣陶还告诫儿女，开关房门要想到屋里还有别人，不可以"砰"的一声把门推开或带上，要轻轻地开关，这样才不会影响到别人。

叶老的这种心境和思想值得每一位育人者思考和学习。如果我们也可以把日常生活中的点滴小事都当做一次教育契机，让换位思考潜移默化地植根在孩子的心底。

一位家长谈到自己的教子经验时说：我儿子今年 8 岁，是个喜欢看书的小男孩。有一次我给他买了一本漫画书《父与子》，他把书带到了学校，一下课马上翻看起来。不巧，他同桌不小心把水杯弄翻了，那本书上也溅到了不少水。当时我儿子心疼坏了，不仅让同桌赔他一本新书，还把这事告诉了老师，使得他同桌被老师批评了一顿。

放学回来，儿子跟我讲这件事的时候，我对他说："我知道你非常心疼那本书，但是谁都有不小心犯错的时候，如果你喝水时不小心把同桌的书弄脏了，你的同桌不仅让你赔书，还把这件事告诉老师，让老师批评你，你会舒服吗？"儿子想了想说："我可能会很难受的。"我接着说："所以，我们应该站在别人的角度想一想。要学着理解和宽容别人。"这件事给儿子留下了很深刻的印象。慢慢地，儿子学会了换位思考，也懂得宽容和理解他人了。

经过设身处地的感受，孩子往往就能顺利建立起对他人的宽容情感。平时的生活中，我们也应该教孩子对其他小朋友多一点忍让，多一份关心，这样别人才会遇事宽容自己，体谅自己，为自己着想。当孩子摆脱了以自我为中心的不良想法，学会心中有他人，宽容他人之后，他就会赢得朋友，并真正体会到生活的快乐，这对于健全孩子的人格来说，又是好事一桩。

当然，宽容不是怕人，不是懦弱，不是盲从，不是人云亦云。宽容所体现出来的退让是有目的、有计划的，主动权掌握在自己的手中。无奈和迫不得已不能算是宽容。宽容更不是纵容，否则，对方会一而再、再而三地犯禁，因为你的过度宽容，恰恰显示了你的软弱。给一次机会并不是纵容，不是免除对方应该承担的责任。任何人都需要为自己的行为负责，任何人都要承担各种各样的后果。这些是必须向孩子讲清楚的，尤其是对坏人和得寸进尺的人，更是没有必要宽容的。

总之，宽容是一种较高的思想境界，是一种处世哲学。宽容两个字不是每个人都会，也不是人出生就会宽容。宽容就像是一个小树苗，从小慢慢长大，是一点一滴地积累起来的，是要孩子去学习的。

第八章

小成靠才，大成靠德
——才与德是完美人格的双重注疏

要是一个人的全部人格、全部生活都奉献给一种道德追求，要是他拥有这样的力量，一切其他的人在这方面和这个人相比起来都显得渺小的时候，那我们在这个人的身上就看到崇高的善。

——俄国哲学家车尔尼雪夫斯基

先做好人，后才能做能人

1987 年 1 月，75 位诺贝尔奖得主聚集巴黎。有人问一位获奖者："您在哪所大学哪个实验室学到了您认为最主要的东西？"白发苍苍的学者沉思片刻，回答说："在小时候。""在小时候您学到了什么？""把自己的东西分一半给小伙伴；不是自己的不要拿；东西要放整齐；吃饭前洗手；做错事应表示道歉；午饭后会休息；要仔细观察周围的大自然。从根本上说，我学的东西就是这些。"

这位获得诺贝尔奖的科学家谈自身的成才体会，淡化了早期智力开发，强调品德文明的养成，确实抓住了问题的精髓。因为一个人能否成才，一定是智力因素与非智力因素综合作用的结果，而非智力因素又一定是先于智力因素的。

▶▶ 大道之行也，贤者为先

作为"礼仪之邦"，我国历来有重视道德教育的传统。

孔子最核心的教育就是德，即加强弟子们的品德修养，并将以德育为本的教学内容，贯穿于整部《论语》之中。例如，《论语·述而篇第七》中，子曰："志于道，据于德，依于仁，游于艺。"（孔子说："以道为志向，以德为根据，以仁为凭借，以六艺为活动范围。"）子以四教：文，行，忠，信。（孔子从四个方面教育学生：历史文献、行为规范、忠诚老实、讲究信用。）其中，"道""仁""德""行""思""信"都是指道德而言，都是以"德育"为根本、为主导、为核心。即便是"六艺"中的"礼""乐""文"中的一些内容，也有德育的因素。

宋代的司马光对德与才的关系作了分析，他说："才者，德之资也；德者，才之帅也。"认为"德"不仅是人才构成的基本内容，而且在人才成长中具有统帅和导向的作用。

事实上，到现在，我们会发现，道德品质不仅是一个人成长和成才的内在动力，而且对塑造完美人格乃至建功立业方面都具有十分重要的作用。

有一次，深圳的一位总裁到某学院为公司物色一名办事员，院方推荐了3名学习尖子生和1名学生会干部，4人同时被安排在一间只有4把椅子的屋子里等待总裁接见。他们等了很久也不见总裁的影子，最后进来的竟是学院看大门兼收发的一位老人，只听老人说："总裁有事暂时还不能来，安排我先跟你们聊聊。"

3名尖子生都露出了不屑一顾的神态，只有那名学生干部起身把椅子让给老人，并站着和老人说话……结果3名尖子生都落选了。

院方对总裁的选择很有意见，家长也有看法，但总裁自有他的见地：业务专长对我们公司来说固然很重要，但是，如果一个人连做人最起码的礼节和对他人的尊重都不懂，还会给公司带来什么大的发展吗？

这位总裁的话道出了用人单位的一个共识：人才人才，做人才是根本。一个人学业上的缺陷不一定影响他的一生，而人格的缺陷倒可贻害他一辈子。

然而，在教育设施与技术飞速发展的今天，育人者却走上了舍本逐末的道路。孩子的自我价值，常被量化为成绩单上的分数。成绩不好的孩子，就像被贴上卷标一般，即使在其他方面有特殊优异的表现，仍无法摆脱学业上的不足。而那些道德上出现瑕疵的孩子，却会因学习成绩好而"一好遮百丑"。也许现在你还能沾沾自喜，但这些道德上有瑕疵的孩子，如果任其发展下去，长大了只会成为社会的危险品。

从这个意义上来讲，真正的教育应该是以人为本的教育，让孩子去体验美好，体验成功，体验快乐，体验崇高。只有这样，才能培养他们积极的生活态度，鲜明的价值判断，丰富的思想体系。那么，即便孩子的学习成绩不好，也只是暂时的，即便他们毕业时成绩平平，将来也可能大有作为。

▶ 幼不陶铸，难成令器

"幼不陶铸，难成令器。"是《菜根谭》中关于幼不学不成器的经典名言：子弟者，大人之胚胎，秀才者，士大夫之胚胎。此时若火力不到，陶铸不纯，他日涉世立朝，终难成个令器。说的是，小孩是大人的雏形，秀才是官吏的雏形。但如果锻炼得不够火候，陶冶得不够精纯，以后走向社会或者在朝做官，就难以成为一个有用的人才。

所以，对孩子的教育，尤其是品德教育一定要趁早，在孩子小的时候就要规范他的一言一行，否则错过时机，将后悔莫及。要知道，稳定的道德核心对一个人的发展至关重要，因为它能赋予人们抵抗来自外部和内部的邪恶，这样人们就能正确地做事了。

不过，大部分育人者还将对孩子的道德教育仅仅停留在口头。他们认为道德教育就是把德育的知识灌输给孩子，让孩子明白什么是对的，什么是错的，明白对人要有礼貌、要爱妈妈、要尊重别人等一些德育的知识。

事实上，即使孩子掌握了这些德育知识，却不见得能够将其内化为自己内心的行为准则。

如果注意一下，我们不难发现生活中类似这样的场景：在公共场所，孩子无所顾忌地大喊大叫、乱发脾气，或者和同学大声谈笑；在游乐场所玩运动器械，不排队，硬加塞；小区花园里，孩子见盛开的鲜花漂亮，随手就摘下一朵把玩；七八岁的孩子坐在地铁里的座位上，而父母背着沉沉的背包站在一旁……这些孩子难道就没有上过"思想品德课"吗？即使父母没教过，上学也会学到过。所以，让孩子把道德行为准则内化为自己的行为准则，才是教育目标的重点和关键。

而要达到这一目的，不是仅凭一个活动或是一天两天就可以完成的，这需要每一位育人者根据孩子品德发展的实际情况，有目的、有计划地对他们施加影响，把传统文化思想、当代社会的道德规范、行为准则转化为孩子的道德品质的过程，这需要在每日的活动中悄无声息地渗透。

比如，老师在点名的时候，就可以特意问孩子们："大家知道今天xx为什么没有来吗？"然后告诉他们："因为xx生病了，所以不能上幼儿园了，请小朋友说说生病感觉怎样？"当孩子们七嘴八舌表达着"难受"的感觉时，就可以趁机提出："我们该怎么做呢？"去看他、打电话给他……经过这样一番启发诱导，就自然激起了孩子们对伙伴的同情心。当孩子病愈来上课时，你会发现其他孩子都会涌上去围着他亲切地问这问那，这时再加以表扬关心别人的孩子们，就会把这种爱的情感默默地渗透到所有孩子的心里。

一般来说，我们对孩子进行道德教育，需要在下面这些方面做出努力：

爱心：包括爱国、爱家、尊老爱幼等。

文明礼貌：包括礼貌用语、待人接物的礼节（如大人讲话时，小孩不能随便插嘴；不经允许不能随便拿他人东西；到他人家中要先敲门等）、文明行为规则（如讲究个人卫生，不随地吐痰、乱扔纸屑果壳；公共场合不大声喧哗，不破坏公物等）。

劳动：包括生活自理、家务劳动、集体公益劳动。

品格：包括诚实、正直、勇敢、毅力、进取心、诚恳、谦虚等。

记住，道德是一种能力，不应依靠强势话语灌输孩子道德思想，应该让孩子学会自己提出问题，分析、认识问题。让孩子成为道德教育的主人，才能真正在孩子心中树立起正确的道德价值观。

做一个合格的儿童道德的塑造者

一个孩子道德的形成发展过程，便是其道德社会化的过程。所谓道德社会化，就是将特定的社会所肯定的道德准则和道德规范加以内化，形成合乎社会要求的道德行为的过程。

处在儿童期的孩子，生理和心理发生了和正在发生着一系列变化，在道德社会化中可塑性很大。接受不良的道德指导和影响，就容易导致道德社会化的失败，造成个体堕落和一定的社会危害。接受良好的道德指导和影响，则会加速道德社会化进程。作为儿童道德的塑造者，父母和老师责任重大。

▶▶ 抓住儿童道德发展的关键期

儿童时期是一个人发展的关键时期，最容易在环境和教育的影响下发展相应的品德、智力、个性和能力。

而道德发展同其他方面的发展一样，也是有"敏感期"的。如果孩子不能在合适的时期得到教育和体验，那么他的道德能力也不能得到很好的开发。因此，对于孩子的道德教育，我们也要分阶段地进行，这样才能让孩子得到更好的发展。

美国儿童发展心理学家科尔伯格将人类的道德发展大致分为三个水平，分别是前习俗水平、习俗水平、后习俗水平，每个水平又分为两个阶段。这里的习俗是指一个社会的法律和规则。

1. 前习俗水平

第一阶段中判别善恶的标准就是是否受惩罚。在这个阶段，孩子认为，只要是不受惩罚的行为就是正确的行为。如果没有受到限制，没有人教会他们分辨是非，那么他们什么行为都做得出来，在公共场所大声喧哗，随意横穿马路，喜欢朋友的东西就会去抢等。

第二阶段中判别善恶的标准是自己的欲求，也就是"既然你得到了一个，我也要得到一个"，为了得到想要的东西，无休止地要求公平。

2. 习俗水平

这是遵守别人规律的时期。这时孩子会按照自己所在集体的标准行事。具体来说：

第三阶段是"好孩子"取向，认为不受别人非难的行为是正确的。

第四阶段是以社会秩序为取向，遵守法律和规则。

3. 后习俗水平

从这时开始，就是自律性道德占主导地位。

第五阶段的人会认为法律是为人而定的；反过来，为了人也可以修改法律。举个例子，为了救一个人的命去偷药，处在这个阶段的人就会认为这种行为是可以宽恕的。

第六阶段以普通的伦理原则为准则，换句话说，不是以法律和习俗为主，而是将重点放在人类生命的尊严上，按照自己的道德标准来行事。

可以说，在孩子道德智能的培养上，我们就是要促使孩子由"道德无律"过渡到"道德他律"，再由"道德他律"过渡到"道德自律"。

在这个过程中，我们一定要珍惜那些和孩子讨论行为规范的机会。比如在讲故事或看电视的时候，积极地和孩子探讨其中哪些行为是正确的，哪些行为是不道德的。有严格的管教，温和的渗透，并经常就道德问题进行沟通，才容易使孩子养成健全的道德观念，并在行为中体现出来。

▶ 教养方式对儿童道德社会化的影响

毋庸置疑，良好的教育方式有利于孩子的发展，不良的教育方式则在一定程度上阻碍孩子的发展，在儿童道德社会化过程中更是如此。

就目前大多数育人者经常采用的 6 种教养方式，我们来分析一下它们对一个孩子道德发展的具体影响：

溺爱型

将孩子置于家庭中心位置，过多地满足孩子的各种愿望，包办孩子的一切。这种教养方式下成长起来的孩子常表现为幼稚、依赖、懦弱、任性、自私、骄傲、情绪不稳定、无责任感，孩子勤劳节俭的作风也较差，而且助长了孩子学习不努力的不良习惯。

否定型

对孩子否定多于肯定，经常批评、责怪、打骂孩子，管教过于严厉，使得孩子较少接受正面的教育引导，这样不利于孩子的社会道德的养成和学习努力精神的养成，这种教养方式下成长起来的孩子常表现出文明素养较差、个人信用较差、勤劳节俭精神较差。孩子会胆小、脆弱，自卑，心理缺陷和心理障碍发生率也很高。

放任型

对孩子的独立行为了解较少，甚至当孩子出现不良行为时也不加干涉或过分迁就，缺乏来自家长的道德规范教育，孩子社会道德水平自然较差，同时，对孩子放任，还容易造成孩子学习不努力、性格内向、孤僻，对人冷淡，情绪消沉，兴趣狭窄，缺乏理想和追求。孩子极易受到不良人群的影响而误入歧途。

干涉型

与放任型恰恰相反，干涉型教养方式是对孩子几乎所有的活动，包括看电视、交友等日常活动限制过多，多采用严厉、高压、强迫命令式的教育，只从成人的主观意志出发，强迫孩子接受自己的看法与认识，不考虑孩子的心理愿望，使得孩子经常处于被动状态。这种教养方式使孩子容易发展为顺从、懦弱、缺乏自信、自尊、孤独、性格压抑，心理自卑，遇事唯唯诺诺，缺乏独立的能力；或是走向另一极端，强烈反抗、冷酷、残暴。

过分保护型

如果说溺爱是包办代替的话，那么保护型就是成人过分限制孩子的言行。成人经常按照自己的意志为孩子安排学习内容，陪孩子做作业，帮孩子做他力所能及的事情，结果妨碍了孩子独立性的发展和勤劳节俭道德的养成，同时助长了孩子的不良习惯和不思进取的思想。

民主型

给孩子自我发展的自由，尊重和信任孩子，并以平等的身份与孩子交流，鼓励孩子上进，当然成人也会为孩子的发展提出建议，理性地指导孩子成长。孩子在这样的教养方式中容易产生发挥自身潜能的动力，在学习上表现出主动性较强，很少有学习不努力的情况。同时，也易于形成健全的个性，健康的心理和良好的社会道德规范。

可见，民主型是理想的教育方式，而其他类型都在不同方面存在问题，这也正是导致孩子道德人格缺陷的主要原因之一。

▶▶ 做孩子道德人格上的榜样

公益广告《洗脚》相信还有很多人记忆犹新，年轻妈妈揣一桶热水给婆婆洗脚，幼小的孩子看在了眼里，也跟跟跄跄地端了一盆水来，说："妈妈，我给你洗脚"。

这个让无数人感动的画面，也在告诉我们这样一个道理：大人的道德人格对孩子的作用不可忽视。

一是认同作用。从儿童的认知特点来看，由于各方面发展的不成熟，儿童缺乏客观地认识事物、辨别是非的能力，而对成人则保持着一种依赖的心理状态。父母及老师的言行用道德标准评判无论是正确或错误，孩子往往都会作为正确的、积极的东西加以肯定。也就是说，我们的道德人格状况、道德修养水平，往往成为孩子道德认知的标准。

曾听过一个妈妈对她的孩子说："你的新同桌是这种样子啊，一看就不是城里长大的，不要和她玩耍了。"可以想象，孩子听了这样的话，恐怕真的会讨厌起同桌，不再和同桌玩，与此同时，她也失去了这个好朋友。而孩子一旦养成了这种以貌取人的坏习惯，那么他将来可能会成为嫌贫爱富的人。显然，这对孩子道德的塑造是不利的。

二是示范作用。模仿是孩子的一个重要心理特点。父母和老师与孩子朝夕相处，孩子在为人处世、言谈举止等方面常不知不觉把我们作为自己的模仿对象，形成有利或不利、好与坏、善与美等观念。也就是说我们的道德人格在很大程度上对孩子起了示范作用，孩子会在此基础上形成辨别能力和评价能力，并付诸道德实践。

有一位父亲在领取摩托车驾驶执照的考试中作了弊，回家后兴致勃勃地大谈自己如何"机智勇敢"地躲过了主考官，并为自己如此通过了考试而庆幸。没想到时过不久，儿子考试作弊，被老师"当场抓获"。父亲才恍然大悟，正是自己无意之中的一个错误行为被天真的孩子所模仿，抵消了平时无数次的正面说教。

三是导向作用。育人者的道德人格在儿童道德品质形成过程中起着重要的导向作用：我们按照自己的道德认识对孩子肯定与否定、赞赏与斥责、奖励与惩罚，孩子将会逐渐地接受这些认识，并变为自己的某种认识和习惯，从而表现出或优或劣的道德行为。例如，孩子看到路上有香蕉皮，便捡起来并扔到了垃圾桶里，如果你因为孩子弄脏了手而责备他，便是连他的优秀品德一起扼杀了；再例如，你的孩子"一不留神"把他同学抽屉里的变形金刚玩具带回了家，而你对此"视而不见"，那么，孩子将来也许会犯更大的错误。

正如托尔斯泰所说："全部教育，或者说千分之九百九十九的教育都归结到榜样上，归结到父母自己生活的端正和完善的举止。"因此，如果希望孩子成为一个有道德的人，我们就应该努力提高自身的道德修养，让孩子从你的行动中理解"学无止境""奋斗不息"的含义；让孩子从你的言行中潜移默化地受到道德教育，养成良好的习惯和优秀的品质。

总之，当我们抱着良好的期望为孩子付出的时候，要特别注意自身的道德修养和采取科学的教养方式，这才是培养孩子的良好道德的关键。

没有缺德的孩子，只有缺德的教育

人都不免会犯错误，更何况是少不更事的孩子，所以，偶尔缺少德行的孩子不可怕，可怕的是忽视道德教育的大人。及时将"问题孩子"从"问题"中解救出来，并争取将错误的负能量转化为激发孩子的正能量，孩子就会从"成长的烦恼"中逐渐成熟起来，成就美好的未来。

▶ 撒谎的孩子：尝尝被骗的滋味

说谎是作弊与欺骗在言语方面的表现。尤其是恶意的谎言，不仅是道德问题，甚至会触犯法律，无论对人对己，都危害很大。大而言之，直接地或间接地有害于国家民族。比如那些贪官污吏来说吧，就是一种惯于说谎的典型人物。小而言之，也足以使个人人格破产。第一是损失自尊心，一个人是不能没有自尊心的，人失却自尊心，不看重自己，则自暴自弃，什么事都做得出来。第二是丧失信用、得不到别人的同情与帮助。"狼来了"的孩子简直不能再形象。

孩子说谎，一开始可能是偶然说说的，但时间长了就容易养成习惯。一个人习惯于说谎一定是从小养成的。因此我们必须在发现孩子说谎的第一时间就纠正他，从而培养出孩子诚实的习惯。

思想上引导

上文中我们说到"我们按照自己的道德认识对孩子肯定与否定、赞赏与斥责、奖励与惩罚，孩子将会逐渐地接受这些认识，并变为自己的某种认识和习惯，从而表现出或优或劣的道德行为。"因此，我们可以向孩子暗示自己的好恶，来对说谎的孩子进行思想的引导。比如有两个小孩子在一起，一个是诚实的，另一个是喜欢说谎的，你要对那个诚实的小孩子嘉许，奖励他，使那个说谎的小孩子感动，走上诚实之道。

需要注意，除了正向暗示，还有一种是反向暗示，譬如孩子向你报告一件事时，你要信任他，不要说："真的吗，你不要骗我呀！"如果这样说，在小孩子的心灵上，就种下一个说谎的种子，以为说话原是可以用骗的。我们应该用正的暗示去感动小孩子，而不要用反的暗示去刺激小孩子说谎的动机。

另外，我们还可以通过给孩子讲诚实小故事来引导他走向诚实。例如华盛顿小时候，砍樱桃树的故事。有一天，华盛顿在园里砍了一株樱桃树，他的父亲知道了，非常气愤，华盛顿急忙跑去承认，说是他砍的。这时他的父亲不但不责备他，反而嘉许他，鼓励他处处要像这样诚实。以后华盛顿事事做得诚实，决不说谎，终至成就了伟大的事业。类似这样的小故事，我们可以讲给小孩子听，拿故事中的人物去做他的榜样。

行动上矫正

很多时候，孩子会对成人的说教"免疫"，这时，我们还需要采取一些惩戒的方法来纠正他们说谎的行为。这种为"戒"而"罚"，也是爱的基本方式之一，然而这又是一种最令人棘手和带有风险的爱，因为孩子容易抵触施加惩戒的人。但是，如果你的惩戒出于爱心，又执行得合理、巧妙，事后讲清道理，孩子会受益很大，并心悦诚服。

对于喜欢撒谎的孩子来说，我们不妨让他亲身体会一下被骗的滋味。例如，允诺孩子下午带他去看电影，等与孩子一起穿戴整齐，到了车站之后，突然告诉他："孩子，今天不去看电影了。"孩子的情绪可想而知，这时，你可以搂着他，轻声解释说："这就是被谎言欺骗的感觉……说真话是非常重要的，我刚才对你们撒谎，感觉糟透了，我不愿意再撒谎，也相信你们也不愿意再撒谎了，明白吗？"而且，即使孩子认错、保证，也要坚定地告诉他："今天不会去了，但以后会去。"心情的失落和沉重，一定会给孩子留下深刻的印象，并时刻提醒着他，谎言会给别人带来伤害，因为他亲身经历过。

或者，我们还可以创造其他一些有效的措施：朗诵一个讲诚实的故事，抄写一段论诚实的名人名言，写一篇讨论诚实问题的日记或文章，取消一次外出游玩的安排等。例如，著名作家冰心曾用肥皂洗嘴的办法惩罚孩子说谎。但不管我们用哪种方式，都要注意尽量避免体罚孩子。

▶▶ 自我的孩子：孝心是道德的开始

孩子的自我意识非常强，什么东西都是"我的"，什么东西都要"给我"。如果成人对此不加以纠正引导，很可能养成孩子自私自利，不爱替他人考虑的习惯。这种习惯对孩子将来适应社会是非常不利的。

因为每个人都是社会中的人，要想适应社会生存就必须融入社会中去，使自己有一个良好的人际关系。而建立良好的人际关系的前提就是懂得体谅他人的需要，懂得关心他人。凡事以自我为中心的孩子，未来自然是寸步难行的。

要想让孩子做一个心中有他人的人，不妨让他们从懂得反哺开始。

卡尔·威特在回忆自己的父亲老威特时曾讲述了这样的一段故事：

"在我的记忆中，父亲极少与母亲发生争吵，即使发生争执时，他也会让着母亲。从我懂事开始，每天清晨我都会跟父亲一起去温室剪花送给母亲。

"在我7岁那年，母亲生了重病，父亲日夜守候在她床头，尽心照顾母亲。有一天早晨，当我睁开眼睛时，看到父亲坐在母亲床头，眼神里充满了悲伤和关切之情地望着气喘不已的母亲。我的心在那一瞬间被深深地震动了，那一刻我也真正明白了，怎样才算真正去爱一个人，什么才是爱与忠诚。

"在父亲的影响下，在我四五岁时，我就懂得帮母亲做一些家务活，晚上睡觉前，我会和母亲聊天，我可以从母亲对我的态度上，从她的眼神和动作中体会出她当天的心情是快乐或是忧伤，从而来辨别怎样体贴母亲。刚开始我也做不到这一点，后来在父亲的教育下，我懂得了怎样去体贴别人。"

事实上，孝心，乃是一切道德的基础，让孩子学会感恩父母就是在帮孩子建立道德人格的首站，也是最重要的一站。一个连自己父母都不爱的孩子，你又如何能期望他真正爱他人、爱社会？

然而，现实生活中，多的是下面这样的场景：

5 岁的女儿舒舒服服地躺在沙发上看着动画片，妈妈坐在她身边，捧着一大袋薯片，等女儿嘴里吃完了一片，再给递进去一片。"怎么那么慢，干什么呢？没看见我吃完了吗？"女儿生气地嚷道。妈妈忙不迭地去拿薯片。

"宝贝，看完这集动画片，让妈妈看一集电视剧，妈妈最喜欢看电视剧了。"妈妈说道。"不，看完这集，还要再看一集，好多集呢，我要一直看。"小家伙嚷道。

"宝贝，妈妈每天为你做那么多事，给你做饭吃，送你上幼儿园，给你洗衣服，你怎么这样对待妈妈？"在阳台侍弄花草的爸爸听见了母女之间的这番对话，忍不住说道。

"这是妈妈要为我做的啊，她说我是她的最心爱的宝贝，为我做什么她都愿意，都很开心，不要求我做什么，我为什么不可以这样啊！"女儿大声抗议道。

看看，只讲奉献不讲回报的单向付出有多可怕，把孩子推向了冷血的漩涡。

因此，教育孩子爱父母的第一步就是：一定不要让孩子把父母爱自己当成一种单向的付出，是完全的理所应当。

而激发孩子孝心的第二步就是教会孩子以爱来回报自己。许多父母常常用孔融让梨的故事来教育孩子如何关心别人。但结果却往往事与愿违：一个春节晚会的小品，就表演出了孩子的内心独白："我吃大梨，是因为我小你大，你应该让我，况且就是我让你吃，你一定也不会吃，不是普天之下的母亲都是爱吃鱼头的吗？"其实有不少孩子就是这么想的。这样的孩子完全没有了解孔融让梨这个故事的真谛，他没能学会关心别人。

这是为什么呢？其实原因也在我们自己身上。因为当孩子小时候把东西给父母时，父母都是假装尝一口，然后还是给孩子吃。而以后，孩子伸出的手就会没等父母尝就已经缩回去了。因此，在这个问题上我们应该改变做法。有了好吃的，无论怎么舍不得也要吃下去，不可让孩子自己一个人独吞。你真的吃下去了，他感到高兴，那么这让梨才真正达到了教育效果。

此外，我们还应该将孩子的孝心扩大化。感恩是一种传递，父母对孩子的爱是感恩的起点，而孩子将感恩之爱传递下去，从而使我们的家庭、我们的社会充满和谐、友爱、幸福。

让孩子学会把其他人放在心上，最好的方法就是让他们用行动去体现对别人的关爱。例如，楼上楼下，有腿脚不方便的，让孩子帮助取个奶拿个报；左邻有舍，有值夜班的，让孩子声小点，学会体谅别人……即要做到"实实在在地帮助别人"。这些事情虽小，但却可以让孩子体验到帮助别人的乐趣，只有这样，他才会切切实实地把别人放在心中。

▶▶ 骂人的孩子：需要一个语言美的环境

当孩子学会说话，你会发现，文明用语要千万遍地教，但有些咒骂的话和俚语，只要听人偶尔冒出一句，他们立刻就能吸收。要是他们在大庭广众之下冒出些脏话，我想你一定想找个地洞钻下去。那么，怎样才能纠正孩子说脏话的习惯呢？

其实，所有孩子的脏话一定都是从大人那里学来的，从这个意义上来说，为孩子创造一个语言美的环境才是根本的解决之道。这就要求我们：

首先，大人自己以身作则，不说脏话。

否则，当你批评孩子说脏话时，他可能会问：为什么你可以说脏话？因此，我们必须在纠正孩子之前，先让他们知道，无论谁说脏话都是不对的。

我们可以在家里或班里建立一个互相监督的制度。告诉孩子，大人也有犯错误的时候，你们也可以要求大人改正错误，大家互相帮助，都不说脏话，并说到做到。如果大人不小心在孩子面前说了不文明的词句时，也应该向孩子承认错误。

另外，我们除了要做到自己不能说脏话外，还要提防媒体对孩子的坏影响。有时孩子看警匪片时，会学到不文明的话语。孩子辨别是非的能力不强，对于成人影视作品中一些反面人物打架斗殴、满嘴脏话等不良形象，他们还不能辨别这些是社会中黑暗、丑陋的一面，往往会因好奇而去模仿。因此，我们应尽量让孩子少看这一类的成人影视作品。

其次，表现出对他的脏话没兴趣。

现实生活中，我们会发现，大人越对孩子的脏话显出惊讶，他就越觉得有趣，说得越多。这是因为，从心理学上来说，孩子并不一定知道脏话的含义，孩子说脏话，多半是模仿、好玩，是为了显示他的某种本事，主要是为了得到别人对他的反应或注意。

碰到这种情况，大人千万别笑，更不要流露出惊奇的神色，有时严厉的训斥也是无济于事的，因为这些反而会强化他的行为。只有你表现出没有兴趣，他才会觉得索然无味。久而久之，那些不好听的字眼或脏话就会逐渐被忘掉而消失。

当然，最后我们还是要寻找比较恰当的时机，告诉孩子，说脏话很难听，只有坏人和不学好的人才讲脏话。

第三，用孩子能够理解的办法树立正确观念。

当大人严肃地告诉孩子，脏话是不文明的，甚至因此打他，结果却不一定管用。我们最好可以用一些孩子能够理解的办法来纠正他的坏习惯。比如，对那些爱听故事的孩子，大人可以选几个有趣的故事，从正、反两面告诉他说脏话为什么不好。如"小兔说脏话失去小伙伴""小马说话文明大家都喜欢它"等。由于故事的主人公都是孩子熟悉的小动物，孩子乐意接受，说脏话的毛病也比较容易改。

还有一位妈妈用了这样的方法，也值得大家学习：3岁的儿子不知道从哪学了句"王八蛋"，见谁都说，妈妈又羞又恼，打了他好几次也没用。有一次，他又说了，妈妈灵机一动，装出痛苦的样子："宝宝说脏话，妈妈听了耳朵好痛啊！"儿子听了立即跑过来帮她揉耳朵，嘴里还念道"不说""不说"。后来，他一不小心，刚说出一个字，马上就话题一转，还约束自己："不说，不说，说了妈妈耳朵会痛。"其实，孩子小，你和他讲大道理或揍他一顿都意义不大，还是用他能理解的方法来处理效果好。

最后，我们还应该让孩子感受到语言美的魅力。

两个孩子评价他们的幼儿园和老师，一个孩子说："老师冒凶勒（意思是非常厉害）。""幼儿园尽敢好（意思是好极了）。"另一个孩子说："方老师笑眯眯很和气，幼儿园里有好多美丽、漂亮的新玩具，我玩得很开心。"同一问题，同一年龄，语言的差距竟如此悬殊。原因何在？

其实，孩子语言表达通顺、词汇丰富、优美而确切，都和大人平时的语言模式有关。如果大人文化修养高，自然会是孩子模仿的典范；如果大人说话粗俗、语言贫乏，也必然会影响孩子，到孩子说脏话时再管教，为时已晚。

还有，有些适合孩子看的动画片，语言也很美，大人可以和孩子一起看，不仅可以培养孩子的理解能力和欣赏力，这些内容健康的优秀的儿童影视作品，能让孩子感受语言艺术的魅力，也可说是语言环境的一种熏陶。

另外，当孩子能用自己的语言来赞赏或描述他喜欢的人和事时，大人应该及时鼓励表扬，让孩子感觉到美的语言是令人愉快的，那么，他自然也就爱上了美的语言。

总之，要杜绝孩子讲脏话，就应该从给孩子一个美的语言环境开始。

性，其实是一个道德问题

性，其实是一个道德问题。如果成人不能用正确的性教育对孩子进行引导，那将是一件非常危险的事情。心理学研究就表明，不能正确地认识性和对待性冲动的孩子，通常会自我不定，进而会出现压抑、早恋、焦虑、自闭、自卑和变态等情况，严重者可能影响学习，甚至导致犯罪。因此，如果我们希望孩子形成健全的人格，就不能绕过性教育这一课。

▶▶ 不在压抑中变坏，就在压抑中变态

几乎每个家长都经历过被孩子追问："我从哪里来？""为什么我是站着撒尿的？""为什么妹妹和我不一样？""为什么妈妈（爸爸）有毛毛我没有？"……但由于在国内受谈性色变的影响，很多成人对此要么欺骗："你是爸爸妈妈拣回来的。"要么恐吓："小孩子不可以问这样的问题。""再问妈妈就生气了，打你屁股。"结果孩子不但好奇心没有得到满足，又增添了孤独、恐惧和羞耻的心理。这是中国家长常犯的错误。

从这一点来说，成人自己应该首先转变观念。其实，性，是一件正大光明并且美好的事。而且，孩子对于"性"的探索，也不只是了解性器官那么简单。你需要了解孩子行为后面的好奇和渴望，帮助他完成性的启蒙课。

儿童心理学家发现，随着自我意识的增强，在求知欲驱使下，孩子会开始对生命的来源产生好奇——"我从哪里来"（事实上，这也是孩子安全感最早的来源），也会对男孩与女孩的差异感到迷惑不解，因此会向成人提出各种关于性的问题。这时，如果成人采取吞吞吐吐或是躲躲闪闪的态度来对待孩子的性提问，只会让他对此产生越来越浓厚的好奇心。他会利用一切途径去获得想要了解的性知识。而这，在这个信息时代并不是什么难事。例如，孩子会去搜集黄色书籍、黄色光碟、浏览黄色网站，等等。这些会对孩子产生非常恶劣的影响，对性的认识产生偏差，进而影响到身体和生理的健康发育，造成非常严重的后果。

其实，相比不知如何开口进行性教育的尴尬局面，孩子向你提出性问题，反而是一个非常好的性教育机会。成人应该用生动而科学的回答满足孩子的好奇心。

虽然每个家庭的文化和育儿方式不同，但是，在回答孩子的性问题中，给孩子传递健康科学的性价值观是性教育永远不变的核心。只要把握下面这些原则，你在回答孩子的性问题时就不会出现方向性的错误。

原则一：有问必答。不可以回避和转移孩子的话题，否则会让孩子感觉到性话题的神秘性，反而激起孩子探索的欲望。

原则二：答案要符合孩子的年龄认知。你给予的答案应该简单明了，让孩子能够听得明白。是否需要继续深入地讲解，要取决于孩子是否继续发问。否则，就超越了孩子认知范围。

原则三：针对性回答。孩子问什么，你就回答什么，不要给孩子带来新的困惑。

原则四：不能过分详细地讲述性、生殖等情节。如果孩子只是问"我从哪里来"，你没有必要给孩子提供性活动的细节。否则会唤醒孩子进行更多超过年龄的性探索，不利于孩子心理发展。

原则五：态度比内容更重要。交谈时要自然轻松，你越坦然，孩子就会认为这个问题与其他问题一样，没有什么特别的，孩子就不会对这类问题特别关注了。

原则六：不可以用成人的性语言回答孩子的提问。例如用"生殖器接触"代替"性交""做爱""性生活"等成人的性语言，孩子才会明白。

原则七：尽量减少和避免与传统文化的冲突。告诉孩子，性话题是隐私的，尽量减少孩子因为性话题被他人误解和攻击。

总之，抱着一颗坦然的心，就能帮助孩子面对性问题，使孩子对性方面有一个正确的心态和观念，以此培植孩子的人生观、价值观和人格修养。那么到底什么是坦然的心呢？其实，这就好比一位教育学家的形象比喻：就像教孩子认识眼睛、嘴巴、鼻子一样去认识他们好奇的世界就足够了。

▶▶ 你嫌性教育早，坏人不嫌孩子小

美国有一个统计数据显示：四分之一的女孩和六分之一的男孩曾遭受性侵，儿童平均遭遇性侵的年龄是9岁，93%的性侵者孩子认识，47%的性侵者是家人或熟人……危险如此之近，远超过我们的想象！还有近期网络上频繁曝光的各种性侵事件，都在提醒着我们，你嫌性教育早，坏人却永远不嫌你的孩子太小！

因此，除了加强对孩子的保护，我们更要教给孩子必要的性知识，让他们能够自己保护自己。

首先，教孩子准确认识性器官。

用正确的书面语告诉孩子身体的各各部位，比如女孩有阴道、男孩有阴茎和睾丸，而不是用"屁屁""鸡鸡"来代替。

否则，即使孩子被人侵犯，甚至都没有准确表述被欺负、被侵犯过程的能力，就真的是太悲哀了。《新闻调查》栏目采访过的一名法官就曾说过，许多被性侵的孩子无法准确地说出被侵犯的部位，也羞于表达性侵过程，导致孩子的证词信效度不够高，如果孩子能明确地使用"阴茎""阴道"等科学名词，而不只是模糊的"上面""下面""前面""后面"，会更加有利于判案。

其实这些器官在孩子眼里就和头发一样，等孩子再长大些，有了这些认知做基础再一起探讨更深层次的问题就非常容易，孩子们也不会在我们不知道的情况下，通过自己的方式去探索关于性方面的知识而受到意想不到的伤害，没有了神秘感，不会盲目地去探知，从而保护了自己，青春期里的一些问题也会很好地得到解决。

其次，让孩子学会大声说"不"。

许多家长对儿童猥亵案件深感无力，因为他们觉得手无缚鸡之力的孩子在面对猥亵他的成人面前太过幼小和无助，即使提前进行性教育也根本无法避免猥亵案件的发生。

其实，我们提倡对孩子进行早期性教育，其真正的意义并非教会他们如何阻止侵害的发生，而是帮助孩子更好地保护自己：当对方正在犹豫徘徊，邪恶的意念没有完全占领高地时，拒绝和反抗有可能促使他停止犯罪。

南宁一位五十多岁的男子在长达半年的时间对 16 岁智力有残疾的女孩进行猥亵，这位男子其实算是女孩的远亲；重庆某医院，一男子将手放在未成年女孩的裤子内摸其身体，全程女孩都在玩手机，无反抗情绪，该男子是女童的姑父……在这些案件中，如果孩子可以大声拒绝，相信一定会少很多。即使无法阻止犯罪行为的发生，假如孩子可以在自己受到伤害后的第一时间就告诉父母和老师，也会避免二次伤害的发生（所有发生的猥亵儿童案件，几乎没有只进行一次就停下来的），坏人也会早一日绳之于法。

所以，我们必须告诉孩子，身体是不能随便让别人摸的，特别是胸部、肚脐眼、屁股、阴道，如果有人侵犯，可以立刻直接大声的拒绝和赶紧走到人多的地方去，一定要保护好自己的身体。

最后，紧紧拥抱受伤的孩子。

对于每一个遭遇强奸猥亵的孩子来说，这都是一次深深的伤害，事情发生之后，积极解决问题是一方面，另一方面，永远不要忘记紧紧地拥抱受伤的孩子，这是让孩子坚强、积极、健康生存下去的唯一力量。

然而，可怕的是，面对被性侵过的孩子，很多人（包括孩子的至亲）并不是抱着同情和怜爱之心，而是从心底里轻视、在语言上打击、并把脏水泼向他们，对受害者造成了更加严重的伤害。曾经就有一个小女孩，被熟人强奸后，惊恐万分地回到家里，得到的却不是父母的安慰和拥抱，而是辱骂，骂她为何要出去浪，才会出了这种有辱家风的事。对这件事也是选择了不了了之的态度。之后的日子里，父母更是用轻视和辱骂，取代了平日对女儿的爱。在悲伤中慢慢长大的小女孩，阴影日渐一日，梦魇压在心底挥之不去，成了心底不能触及的痛。长大后的她，自卑、痛苦、厌恨父母，憎恨男人，脾气变得暴躁和神经质，一言不合就自残。

伤害已经发生，我们又怎能在孩子的伤口上撒盐！不得不说，正是愚昧的父母推着孩子朝着毁灭的道路行进。心理学研究发现，儿童在经历性侵害后，如果不能得到很好的心理干预和治疗，很容易对其身心造成不可挽回的伤害。孩子受到性侵害一般都会造成自己行为举止的波动，性格的改变，甚至有的会表现一种非常规的叛逆行为，出现逃学、离家出走、攻击行为、自暴自弃、吸毒、自残自杀等。只有足够的支持和陪伴，才可以帮助他们再次建立起足够的安全感。

▶ 性教育，知识是其次，情感是关键

无论是在青春期开始之前给孩子讲关于性的科学知识，还是通过图片让孩子认识性器官和生命的来源，这都是过于片面地理解性教育。实际上，对孩子而言，性并不是性欲、性满足或繁殖后代那么简单，性的定位，性的内涵，没有性器官参与的温暖感觉，才是孩子们最需要的性教育。

一般说来，孩子对性的心理需求分为三个层次：

第一层：对性器官的好奇

案例：5 岁的儿子最近多了一个不好的习惯：他喜欢当着别人的面脱裤子，把小鸡鸡露出来。"太干涉吧，怕他对此越来越感兴趣，不管吧，这么下去也不是办法。"妈妈很是苦恼。

解读：对器官的认识，是性教育的第一课。

当孩子长到四五岁的时候，会发现男孩是站着尿尿的，身上还多了一件小东西。而有的女孩觉得好玩，会模仿男孩站着小便的样子，回家以后还会对爸爸妈妈如何尿尿和他们的裸体产生兴趣。这是成长过程中的常见现象，妈妈们不必紧张，因为这时孩子表现出来的"性"趣，与你所理解的"性"并不是一回事。而且，它们会很快过去，不用刻意去矫正，除非对身体有伤害。正确的做法是：父母不刻意回避，让孩子看父母尿尿，和父母一起洗澡，

一次关于"性器官"的体验课也就完成了。

第二层：对爱、温暖、满足感、安全感和归属感的需求

案例：儿子非常喜欢触摸妈妈的手臂，特别是夏天穿短袖衣服时，他总是抱着妈妈的手臂，把脸贴在上面，有时还会亲亲。妈妈虽然也喜欢与孩子亲密无间的嬉戏，可是，又担心性教育的问题。

解读：没有性器官参与，也能得到爱、温暖、满足感、安全感和归属感，是性教育的第二课。

孩子喜欢触摸父母裸露的胳膊，甚至有时会触摸妈妈或阿姨的胸脯，这时的性不仅和性器官有关，同时意味着对爱、温暖、满足感和安全感的渴望。这一需求对孩子来说至关重要，这是性教育关键的第二课。因为如果孩子从小缺乏这种体验，长大之后当他发现性器官的参与很容易让他体验到这些感觉时，就容易依赖性活动来得到它们，从而影响他们建立对性和爱情的正确认识。正确的做法是：孩子要亲嘴，你可以有意识地去亲孩子的脸；孩子要摸妈妈或阿姨的胸脯，你轻轻把孩子的手移动到其他地方；同时，你可以抚摸孩子的头、手脚、背部或者拥抱他，向孩子表达爱、温暖和关怀。

第三层：对两性关系的探索

案例：一天，妈妈突然听到5岁的女儿和她的好朋友在外面玩耍时，说到生娃娃，便一下子紧张起来："这是不是受到小伙伴的影响了？"原来，那个孩子的父母离婚了，她跟着爸爸生活，最近她妈妈又结婚怀孕了。

解读：从家庭中了解两性关系，是性教育的第三课。

孩子们会"朝三暮四"地和不同的小朋友或者和爸爸妈妈

"结婚"，不过这些探索都和狭义的"性"没有关系，他们对性的认识已经进入了心灵层面。他们只是通过玩过家家来演习大人的性认识，并构建他们自己的童话世界。正确的做法是：由于孩子玩过家家、玩结婚生孩子游戏主要是学习和模仿，因此，你就要给孩子的性教育做一个生动的活教材。并充当好一个引导者，例如在这一过程中，你可以了解孩子对自己（爸爸或妈妈）的感受（正确的或错误的），及时地给予指导，即告诉他：做爸爸应该如何、如何，做妈妈应该如何、如何。

▶ 青春期的性教育，意义重大

性教育，对于青春期的孩子来说有着特别的意义。因为贯穿青春期的最大特征是性发育的开始并逐步完成，与此同时，男孩、女孩在心理方面的最大变化，也反映在性心理领域。他们对性的意识，由不自觉到自觉；性对象，由同性转为异性；对异性的兴趣，由反感到爱慕再到初恋。几乎是每个人必经的历程。但由于在整个青春期中，孩子的情绪多动摇不定，容易变化，如果不注意及时引导，常可使某些孩子滋长不健康的性心理，以致早恋早婚、荒废学业，有的甚至触犯刑法，走上犯罪的道路。

重点一：解决孩子的性困惑、性烦恼

有位初二的女孩在进行心理咨询时，焦急地说："我在初一时，看到男孩就厌烦，到了初二忽然变得想和男孩说话了。有时看到男孩过来，就不自觉地迎上去，喜笑颜开地打招呼。在学习活动中有男孩在场才觉得有劲，和男孩一起做事，总想显示自己，以引起男孩的注意。我这是怎么了？是不是作风不正派，或者人们常说的'淫荡'呢？我很害怕。"

类似这样的性困惑、性烦恼，每个青春期孩子身上都会产生。其实，性困惑、性烦恼的产生，是由于性意识觉醒之后，孩子的生理需求与社会行为规范的矛盾所致。性困惑的由来是孩子对自身性发育、性成熟的生理变化产生神奇感及探索心理。由于社会伦理道德的约束和对性教育的神秘化，常会导致孩子的心理冲突。他们常认为"性是不好的"，"对异性长辈出现性幻想是可耻的"，"手淫对身体是有害的"等，出现对性的消极评价和过度的性压抑。

通过对各种神经质症的深入研究，我们有理由相信，由错误的性观念而引起的对手淫、性幻想等的严厉的自我惩罚（心理的或生理的）是导致产生神经质症状发生的心理温床的重要原因之一，尤其是严重的自卑感、对人恐怖症等症状。男孩对手淫、遗精、性梦的错误认识，女孩对月经、性幻想、自己体象的消极认知和评价，偷看黄色录像，早恋及过早性行为等，是青少年期较为突出的心理行为问题。因此，在这一阶段，成人应主动关心询问孩子的性困惑，帮助他们解决性烦恼问题。事实上，改变对性的态度正是人生心理修养的一个重要内容。

重点二：帮孩子把握与异性交往的尺度

孩了到了青春期，异性相吸是很自然的现象。对于孩子和异性同学的交往，大人不必"草木皆兵"，不必害怕孩子早恋就禁止孩子和异性来往，而且过激的举措还容易引起孩子的逆反心理。

其实，如果正确地引导，与异性的交往反而可以给孩子带来很多积极的影响。

"异性效应"可以使孩子和异性取长补短，丰富完善自己的个性。少男少女由于性激素分泌、第二性征出现，身体外形与体内功能发生了很大变化，同时心理上的差异也越来越明显：男孩子性格开朗、勇敢刚强、果断机智，不拘泥于细微末节，不计较小事，好问好动，好想，当然也有的粗暴骄横，逞强好胜；女孩往往文静怯懦、优柔寡断、感情细腻丰富、举止文雅、灵活、委婉，有较多的被动意识。男女同学交往，容易发现对方的长处和自己的不足，可以取长补短，互相学习，丰富完善自己的个性。

"异性效应"还可以激励孩子奋发向上。一般来说，男孩子在思维方法上偏重于抽象化，概括能力较强。女孩子在思维方法上多倾向于形象化，观察细致，富有想象力。男女同学在一起，可以相互启发，使思路更加宽阔，思维更加活跃，触发智慧的火花。

另外，由于"异性效应"，青春期的男女学生都希望引起异性关注，都希望以自己某些特点或特长受到异性青睐。如某班外出野餐，第一次男女分席，男孩子你争我抢，狼吞虎咽，一桌菜吃个精光；女孩子在嬉笑打闹中，把一桌菜也很快地报销了，杯盘狼藉。而第二次男女合席，情景则大为改观：男孩子你谦我让，大有君子风度；女孩子温文尔雅，大有淑女风范。这说明异性在一起，大家都提高了对自己的要求。

当然，前提是成人要对孩子与异性的交往，做出适当的指导。否则，也可能会发生越轨、犯错误，或者影响正常学习和生活的弊端。为了避免这些情况，我们基本的方针就是，让孩子懂得"男女有别"，把握异性间交往的"度"：既不要把异性视为特殊对象感到神秘和敏感，也不要因为对某个异性有好感，错把友谊当爱情；对异性要用平常心态对待，举止得体，态度稳重；没有特殊需要，就不要单独约会；等等。总之，如果把握了合适的分寸，男女同学之间完全可以大大方方地接近，堂堂正正地交往，并且对孩子的身心健康和个性成长产生积极的作用。